高等院校土建类专业"互联网+"创新规划教材

建筑设计基础

主编 张靖宇 孟津竹 鲍吉言

内 容 简 介

本书从建筑设计理论探索到设计实践应用共分为六篇。序篇包含第 1 章,为建筑设计基础总论,主要讲述"建筑设计基础"课程的基本概念和研究范畴;第一篇包含第 2~4 章,主要内容为建筑设计的二维视知觉;第二篇包含第 5~6 章,主要内容为建筑设计的三维构思;第三篇包含第 7~8 章,主要讲述建筑空间的概念、要素、表皮和内部空间,以及建筑微环境等设计方法;第四篇包含第 9~11 章,讲述针对建筑学初学者的建筑设计知识,主要内容有建筑的尺度、功能、实体建构等设计原理和设计方法;第五篇包含第 12 章,主要内容为课外实习实训环节。

本书内容涵盖较广,理论联系实际,专业性和实用性强,可作为普通高等院校建筑学、城乡规划、风景园林等相关专业的教材,也可作为环境艺术设计、产品设计等相关专业的参考书籍,还可为从事建筑设计及相关专业的技术人员提供参考。

图书在版编目(CIP)数据

建筑设计基础/张靖宇,孟津竹,鲍吉言主编.—北京:北京大学出版社,2021.8
高等院校土建类专业"互联网+"创新规划教材
ISBN 978-7-301-32371-7

Ⅰ.①建… Ⅱ.①张… ②孟… ③鲍… Ⅲ.①建筑设计—高等学校—教材 Ⅳ.①TU2

中国版本图书馆 CIP 数据核字(2021)第 154681 号

书　　　名	建筑设计基础 JIANZHU SHEJI JICHU
著作责任者	张靖宇　孟津竹　鲍吉言　主编
策 划 编 辑	吴　迪
责 任 编 辑	吴　迪
数 字 编 辑	蒙俞材
标 准 书 号	ISBN 978-7-301-32371-7
出 版 发 行	北京大学出版社
地　　　址	北京市海淀区成府路 205 号　100871
网　　　址	http://www.pup.cn　新浪微博:@北京大学出版社
编辑部邮箱	pup6@pup.cn
总编室邮箱	zpup@pup.cn
电　　　话	邮购部 010-62752015　发行部 010-62750672　编辑部 010-62750667
印 刷 者	北京虎彩文化传播有限公司
经 销 者	新华书店
	787 毫米×1092 毫米　16 开本　13.5 印张　321 千字 2021 年 8 月第 1 版　2024 年 1 月第 3 次印刷
定　　　价	40.00 元

未经许可,不得以任何方式复制或抄袭本书之部分或全部内容。
版权所有,侵权必究
举报电话:010-62752024　电子邮箱:fd@pup.cn
图书如有印装质量问题,请与出版部联系,电话:010-62756370

前言

我国的建筑学理论和实践历史久远，建筑物风格多样。经历了五千年流传的华夏文明使中华大地上的建筑发展异彩纷呈、百花齐放，形成了独特的中国式建筑形态。中国在建筑行业的理论研究和工程实践中拥有数量庞大的民族瑰宝和世界遗产，从莫高窟到秦始皇陵及兵马俑坑，从布达拉宫到北京故宫，从颐和园到苏州古典园林，数不胜数，比比皆是。近代建筑中，我国也拥有新中国十大新建筑；当代建筑中，北京奥运会的新建建筑和上海世博会建筑群都代表了当代中国的建筑设计水平和技术高度。

建筑学教育在我国的早期发展受到美国建筑学派的影响；近代历史中也受到包豪斯等欧洲建筑学派的影响，曾经一度以"功能至上"或"造型至上"等思想影响过我国学生；中华人民共和国成立之后，苏联的援建工作也带来了一种新的建筑学教学模式。时至今日，建筑学教育在我国的发展已有将近百年的历史，但是"建筑设计基础"课程的教学内容却一直没有统一，这主要缘于国内各高校该课程的教学风格迥异、各有所长。在多年的教学实践中，我们一直在寻找一本既能尊重传统，又能符合我国现阶段发展的建筑设计基础教材；但是，当前市面上的同类教材，要么侧重传统教学，要么侧重设计能力提升，对于新工科背景下以应用型学科建设为发展方向的许多高校来说，不能充分满足其教学需要；因此，我们总结了自己多年的教学经验，结合当今建筑行业的人才需求，在深入探讨和充分整理资料的基础上编写了本书。

本书理论联系实际、图文并茂、专业性和实用性强，从理论讲解入手到形态的分析再到设计原则逐步加深，结合编者多年的教学案例进行分析解读，用简洁的文字结合耳熟能详的实例图片对知识点进行讲解，结合习题和各章的设计任务，让建筑学专业的初学者对本书的基本概念、设计原理和设计方法有更直观的理解。

本书系校企联合编写教材，编者均为建筑学专业一线教师和设计院工作人员，具有丰富的教学经验和工程实践经验，发表了多篇相关论文，并完成了相关教学改革项目。本书编写工作由沈阳工业大学的张靖宇和孟津竹、东北大学的鲍吉言、沈阳城市建设学院的于业龙，以及辽宁省市政工程设计研究院有限责任公司的王子娟和沈阳铝镁设计研究院有限公司的曹明阳共同完成，张靖宇负责全书的统稿工作。本书具体编写分工为：王子娟编写第1章1.1节；孟津竹编写第1章1.2和1.3节以及第4、8、11章；张靖宇编写第2、

【资源索引】

3、5、9、10 章，第 6 章 6.2—6.6 节；曹明阳编写第 6 章 6.1 节；于业龙编写第 7 章 7.1 节；鲍吉言编写第 7 章 7.2 和 7.3 节以及第 12 章。本书在编写过程中，除了有编写组全体人员的辛勤付出外，还得到了家人和朋友的大力支持以及同行的专业建议，沈阳工业大学的宁宝宽、陈四利、鲁丽华、韩永强四位老师给本书内容提出了不少宝贵意见。本书的图片、案例等资料收集及编排过程得到了夏盛玉、王明欣、孙挚尹、沙雯琳的帮助。此外，本书在编写中引用和参考了相关教材的部分内容和图片，部分图例来自网络，部分作业赏析来自编者所在高校的学生作业，在此向所有支持者表示衷心的感谢。最后，衷心感谢沈阳工业大学对于本书出版的大力支持。

由于编者水平有限，本书不足之处在所难免，恳请广大读者批评指正。

编　者

2021 年 3 月

本书课程思政元素

教师可结合下表中的内容导引，针对相关的知识点或案例，引导学生进行思考或展开研讨，详细的课程思政设计内容可联系出版社索取。

页码	内容导引	思考问题	课程思政元素
3	建筑的基本概念	1. 正确认识建筑的概念 2. 辩证地看待建筑的三大属性	辩证思维 民族瑰宝
7	初识建筑设计任务	1. 以建筑学专业眼光审视建筑及其价值 2. 从城市的历史和文脉角度认识建筑的发展历程 3. 通过文字和手绘等方式记录建筑的形式	专业与社会 文化传承 自主学习
12	平面构成的缘起及概念	1. 平面构成是形态构成理论的先导 2. 我国平面构成理论的发展	适应发展 改革开放 道路自信
21	线形态的结构力量表现	1. 建筑中的线形态主要体现在结构体系、表皮构件等方面 2. 大型体育场建筑的结构体系外部体现	行业发展 专业能力 现代化
28	线元素的设计训练	1. 对拼贴画作品进行深入解读和分析，理解其背后的时代背景和设计目的 2. 深入地进行骨骼到分支的线条设计，从而理解其训练的层次关系	沟通协作 逻辑思维
40	形式美法则	1. 建筑本身是一门艺术，在建筑设计时要探讨形式美法则 2. 感性的形式美如何在建筑形式中体现	职业精神 责任与使命
50	理性之美	1. 理性的建筑之美体现在黄金分割和模数理论等方面 2. 中国古建筑中最具代表性的模数是宋代的材分制，匠人用材和分作为度量单位确定斗拱的尺度，进而以斗拱来确定建筑等级和梁跨、柱高、开间、进深等其他建筑尺度	世界文化 他山之石
71	建筑色彩与民俗文化	建筑所处国家、地域的风俗习惯、居民的喜好和传统在一定程度上能够决定建筑的色彩选择	传统文化
79	立体构成的概念	1. 立体构成是造型与结构的统一，是由二维平面形象进入三维立体空间的构成表现 2. 立体构成结合实体形态和空间形态，表达方式包含了材料的选择、结构的合理性、造型的美感，是复杂知识点的综合应用	专业水准 创新意识

续表

页码	内容导引	思考问题	课程思政元素
87	建筑设计中的立体构成	建筑中的立体构成思维是复杂的设计结果	全面发展
107	建筑设计中的空间要素	以太和殿的开间为切入点探讨中国传统建筑的开间设计	民族自豪感
124	建筑肌理的材料表达	1. 不同材料反映不同的建筑肌理和特色 2. 建筑材料和肌理共同反映民族地域特色	环保意识
129	新材料在建筑肌理中的使用	1. 涂料、高分子材料等新材料的研发和使用在未来的建筑设计中起到重要作用 2. 建筑的材料和技术是不断发展的，要用发展的眼光看待不断进步的现代建筑技术	科技发展 工业化
135	建筑的环境	1. 地域特征对建筑产生的影响 2. 街区和基地条件对建筑的影响 3. 建筑受红线制约及控制性规划要求	包容 尊重 规范与道德
140	群体空间设计	1. 群体空间需团队在一定范围内完成多个独立空间，共同体现整体设计概念 2. 群体空间的设计要统一思想，并展现各组的条件特点，符合我国经济发展的要求	大局意识 团队合作
149	人体尺度	1. 人体尺度在古代因何被认为是宇宙中最完美的尺度标准 2. 人体尺度具体体现在与建筑室内、室外的尺度关系上	求真务实
153	城市尺度	探讨当代城市发展中人的生活感受	爱祖国 爱家乡
157	建筑与内部尺度关系举例	近现代西方建筑的萌芽和发展时期要早于我国，并已达到了从功能到建筑技术的高度发达	洋为中用
163	"形式追随功能"思辨	1. 建筑功能是建筑设计的首要要求，需优先设计功能，再设计造型 2. 在近现代建筑设计行业中出现了诸多反例，如何理解扎哈·哈迪德、弗兰克·盖里等设计师的设计逻辑	辩证思想 理论自信 可持续发展
184	实体建构	建筑设计是一门理论联系实际的课程，需要图纸的设计，更需要实地的施工，需要掌握建筑从理论到实际的全过程	实战能力 工匠精神 团队合作

目 录

序篇 建筑设计基础总论

第1章 概论 ·········· 2
- 1.1 建筑的相关知识 ·········· 3
  - 1.1.1 建筑的基本概念 ·········· 3
  - 1.1.2 建筑的分类与分级 ·········· 4
- 1.2 建筑设计概述 ·········· 5
  - 1.2.1 建筑设计的内容 ·········· 5
  - 1.2.2 建筑设计的依据 ·········· 6
  - 1.2.3 建筑设计的工作阶段 ·········· 6
- 1.3 初识建筑设计任务 ·········· 7
  - 1.3.1 初识建筑 ·········· 7
  - 1.3.2 综合作业赏析 ·········· 7
- 本章小结 ·········· 9
- 习题 ·········· 9

第一篇 二维视知觉

第2章 一线之间 ·········· 11
- 2.1 平面构成的缘起及概念 ·········· 12
  - 2.1.1 缘起包豪斯 ·········· 12
  - 2.1.2 构成学的含义 ·········· 12
  - 2.1.3 平面构成的概念 ·········· 13
- 2.2 形态与构成元素 ·········· 14
  - 2.2.1 形态 ·········· 14
  - 2.2.2 平面构成基本要素 ·········· 15
  - 2.2.3 建筑中的线形态 ·········· 19
  - 2.2.4 线形态的结构力量表现 ·········· 21
  - 2.2.5 线结构美的表现 ·········· 24
- 2.3 线的视觉特点 ·········· 25
  - 2.3.1 各种线条的心理暗示 ·········· 25
  - 2.3.2 线的组织特点 ·········· 26
  - 2.3.3 线设计的整体画面感 ·········· 26

- 2.4 设计任务 ·········· 28
  - 2.4.1 线元素的设计 ·········· 28
  - 2.4.2 线条构成任务书 ·········· 28
  - 2.4.3 综合作业赏析 ·········· 29
- 本章小结 ·········· 31
- 习题 ·········· 32

第3章 一面之缘 ·········· 38
- 3.1 建筑要素 ·········· 39
  - 3.1.1 建筑设计三要素 ·········· 39
  - 3.1.2 原始几何图形 ·········· 39
- 3.2 感性之美——形式美法则 ·········· 40
  - 3.2.1 主从关系 ·········· 40
  - 3.2.2 统一与变化 ·········· 41
  - 3.2.3 比例与尺度 ·········· 42
  - 3.2.4 对称与平衡 ·········· 44
  - 3.2.5 节奏与韵律 ·········· 46
  - 3.2.6 对比与微差 ·········· 48
- 3.3 理性之美——数 ·········· 50
  - 3.3.1 黄金分割与黄金矩形 ·········· 50
  - 3.3.2 模数 ·········· 51
- 3.4 建筑的平面构成方式 ·········· 52
  - 3.4.1 单形的强调 ·········· 52
  - 3.4.2 几何形体的重复 ·········· 52
  - 3.4.3 线状组合形态 ·········· 53
  - 3.4.4 分割 ·········· 53
  - 3.4.5 网格 ·········· 54
  - 3.4.6 加法——衍生 ·········· 55
  - 3.4.7 减法——切削 ·········· 55
  - 3.4.8 复合空间组织 ·········· 55
- 3.5 设计任务 ·········· 56
  - 3.5.1 平面元素位置关系训练 ·········· 56
  - 3.5.2 技法训练——墨线训练任务 ·········· 57

3.5.3 平面构成设计任务书 …… 58
　　　3.5.4 综合作业赏析 ………… 58
　本章小结 …………………………… 61
　习题 ………………………………… 62

第4章 建筑的色彩 ……………… 63
　4.1 色彩概述 ……………………… 64
　　　4.1.1 色彩现象 ……………… 64
　　　4.1.2 色彩属性 ……………… 64
　4.2 色彩的混合、对比与调和 …… 65
　　　4.2.1 色彩的混合 …………… 65
　　　4.2.2 色彩的对比 …………… 66
　　　4.2.3 色彩的调和 …………… 68
　4.3 色彩构成的基本概念 ………… 69
　　　4.3.1 色彩构成的概念 ……… 70
　　　4.3.2 色彩构成的解构与重组 … 70
　4.4 建筑形态的色彩构成 ………… 71
　　　4.4.1 建筑选色 ……………… 71
　　　4.4.2 建筑配色 ……………… 73
　4.5 设计任务 ……………………… 75
　　　4.5.1 色彩对比训练任务书 … 75
　　　4.5.2 色彩重构训练任务书 … 75
　　　4.5.3 综合作业赏析 ………… 76
　本章小结 …………………………… 76
　习题 ………………………………… 76

第二篇　三 维 构 思

第5章 立体构成 ………………… 78
　5.1 立体构成理论 ………………… 79
　　　5.1.1 缘起及发展 …………… 79
　　　5.1.2 立体构成的概念及性质 … 79
　　　5.1.3 立体构成内容 ………… 79
　5.2 立体构成设计方法 …………… 80
　　　5.2.1 立体构成的成型方法 … 80
　　　5.2.2 不同形态的立体构成 … 83
　5.3 立体构成的材料与工具 ……… 86
　　　5.3.1 立体构成的材料 ……… 86
　　　5.3.2 立体构成的工具 ……… 87

　5.4 建筑设计中的立体构成手法 … 87
　　　5.4.1 建筑群的立体构成构思 … 87
　　　5.4.2 虚实对比与结合 ……… 87
　　　5.4.3 多元素之间的关系 …… 88
　5.5 设计任务 ……………………… 89
　　　5.5.1 单元立体构成设计
　　　　　　任务书 ………………… 89
　　　5.5.2 复合立体构成设计
　　　　　　任务书 ………………… 89
　　　5.5.3 综合作业赏析 ………… 89
　本章小结 …………………………… 90
　习题 ………………………………… 91

第6章 空间生成 ………………… 92
　6.1 空间理论 ……………………… 93
　　　6.1.1 空间理论 ……………… 93
　　　6.1.2 "维"度体验 …………… 93
　　　6.1.3 空间要素 ……………… 94
　　　6.1.4 常见空间形式 ………… 95
　6.2 空间的品格 …………………… 97
　　　6.2.1 具象空间 ……………… 97
　　　6.2.2 抽象空间 ……………… 98
　　　6.2.3 空间的性格 …………… 100
　6.3 空间创造方法 ………………… 103
　　　6.3.1 围合 …………………… 103
　　　6.3.2 限定 …………………… 104
　　　6.3.3 天覆 …………………… 106
　　　6.3.4 地载 …………………… 106
　　　6.3.5 分隔 …………………… 106
　　　6.3.6 连接 …………………… 107
　6.4 建筑设计中的空间要素 ……… 107
　　　6.4.1 地（面） ……………… 107
　　　6.4.2 天（花） ……………… 108
　　　6.4.3 壁（垒）与围合 ……… 108
　　　6.4.4 柱 ……………………… 108
　　　6.4.5 间 ……………………… 108
　6.5 建筑设计中的空间构成方式 … 109
　　　6.5.1 独立几何空间 ………… 109

6.5.2 几何形体的重复 ……… 110
6.5.3 几何形体的聚合 ……… 111
6.5.4 几何形体的分解 ……… 113
6.5.5 几何形体的变形 ……… 115
6.6 设计任务 …………………… 115
 6.6.1 空间生成任务书——积木盒子 ………………………… 115
 6.6.2 综合作业赏析 ………… 115
本章小结 …………………………… 117
习题 ………………………………… 117

第三篇 建 筑 空 间

第7章 肌理与材料 ……………… 119

7.1 肌理的概念及形态特征 …… 120
 7.1.1 肌理的概念 …………… 120
 7.1.2 肌理的形态特征 ……… 120
7.2 建筑肌理的配置设计与材料表达 ……………………………… 123
 7.2.1 建筑肌理的配置设计 …… 123
 7.2.2 建筑肌理的材料表达 …… 124
7.3 设计任务 …………………… 130
 7.3.1 肌理设计任务书 ……… 130
 7.3.2 综合作业赏析 ………… 130
本章小结 …………………………… 133
习题 ………………………………… 133

第8章 建筑微环境 ……………… 134

8.1 建筑环境范畴 ……………… 135
 8.1.1 建筑的宏观环境：虚范畴 ……………………… 135
 8.1.2 建筑的微观环境：实范畴 ……………………… 135
8.2 建筑微环境对建筑设计的促进与制约 …………………………… 137
 8.2.1 建筑微环境对建筑设计的促进 ………………… 137
 8.2.2 建筑微环境对建筑设计的制约 ………………… 137

8.3 建筑设计对建筑微环境的协调与应对 …………………………… 138
 8.3.1 建筑设计与建筑微环境相协调 ………………… 138
 8.3.2 建筑设计针对建筑微环境的应对方法 ……… 139
8.4 群体空间设计任务 ………… 140
 8.4.1 任务一：群体空间 6 in 1 设计 ……………………… 140
 8.4.2 任务二：群体空间设计实践训练 ……………… 140
 8.4.3 综合作业赏析 ………… 141
本章小结 …………………………… 144
习题 ………………………………… 145

第四篇 建 筑 设 计

第9章 尺度 ……………………… 147

9.1 概念 ………………………… 148
 9.1.1 人体尺度 ……………… 148
 9.1.2 比例 …………………… 148
9.2 人体尺度 …………………… 149
 9.2.1 人体自身的尺度标准 …… 149
 9.2.2 人体尺度与建筑内部空间 ……………………… 150
 9.2.3 人体尺度与建筑外部空间 ……………………… 151
9.3 空间尺度 …………………… 154
 9.3.1 空间尺度概念 ………… 154
 9.3.2 空间尺度特点 ………… 154
 9.3.3 空间尺度的设计 ……… 155
9.4 建筑尺度 …………………… 156
 9.4.1 建筑与外部的尺度关系 ……………………… 156
 9.4.2 建筑与内部的尺度关系 ……………………… 156
9.5 设计任务 …………………… 158
 9.5.1 空间设计 ……………… 158
 9.5.2 住宅户型设计 ………… 159
 9.5.3 人体尺度抄绘 ………… 159

本章小结 ………………………… 160
习题 ……………………………… 160

第 10 章　建筑功能 ………………… 162

10.1　建筑功能概论 …………………… 163
  10.1.1　渊源 …………………… 163
  10.1.2　哲学关系 ……………… 163
  10.1.3　空间论 ………………… 164
10.2　建筑功能的设计方法 …………… 164
  10.2.1　室内功能要素 ………… 164
  10.2.2　功能空间设计方法 …… 167
  10.2.3　建筑辅助空间设计 …… 170
10.3　建筑方案图纸的综合表达 ……… 171
  10.3.1　建筑平面的表达 ……… 171
  10.3.2　建筑分析图的表达 …… 172
  10.3.3　建筑立面、剖面的
     表达 ………………… 173
  10.3.4　建筑方案透视图 ……… 174
  10.3.5　建筑局部透视图 ……… 174
  10.3.6　建筑设计方案图综合
     表达 ………………… 174
10.4　设计任务 ………………………… 175
  10.4.1　单人间设计任务书 …… 175
  10.4.2　环境景观小品 ………… 176
  10.4.3　校园建筑小品 ………… 176
  10.4.4　综合作业赏析 ………… 177
本章小结 ………………………… 179
习题 ……………………………… 180

第 11 章　实体建构 ………………… 181

11.1　建构的缘起及概述 ……………… 182
  11.1.1　建构的缘起 …………… 182
  11.1.2　建构的概念与内容 …… 182
  11.1.3　建构的条件 …………… 182
11.2　实体建构的发展 ………………… 184
  11.2.1　实体建构的目的与
     要求 ………………… 184

  11.2.2　实体建构的优势
     与意义 ……………… 184
  11.2.3　实体建构的发展趋势 … 186
11.3　实体建构的实践 ………………… 186
  11.3.1　实体建构实践的目标 … 186
  11.3.2　国内高校实体建构的
     实践 ………………… 187
11.4　设计任务 ………………………… 191
  11.4.1　实体建构设计任务书 … 191
  11.4.2　综合作业赏析 ………… 192
本章小结 ………………………… 194
习题 ……………………………… 194

第五篇　实　　训

第 12 章　实习实训 ………………… 196

12.1　建筑测绘 ………………………… 197
  12.1.1　建筑测绘的概念 ……… 197
  12.1.2　建筑测绘的目的 ……… 197
12.2　建筑认知 ………………………… 197
  12.2.1　体验建筑 ……………… 197
  12.2.2　对比建筑 ……………… 198
  12.2.3　记录建筑 ……………… 198
12.3　建筑模型 ………………………… 198
  12.3.1　建筑模型的概念 ……… 198
  12.3.2　材料准备 ……………… 199
  12.3.3　建筑模型制作步骤 …… 199
12.4　实习实训任务 …………………… 201
  12.4.1　建筑测绘任务书 ……… 201
  12.4.2　建筑认知任务书 ……… 202
  12.4.3　建筑模型任务书 ……… 202
本章小结 ………………………… 202
习题 ……………………………… 202

参考文献 ………………………………… 203

序篇

建筑设计基础总论

第1章 概论

教学目标

本章主要讲述建筑的相关知识、建筑设计概述和建筑的初步认识,通过学习应达到以下目标。

(1) 对建筑的基本概念有一定的感性认识,了解建筑的分类与分级。

(2) 了解建筑设计的相关内容与依据,熟悉建筑设计的工作阶段并加以运用。

(3) 初步掌握认识建筑的基本方法。

思维导图

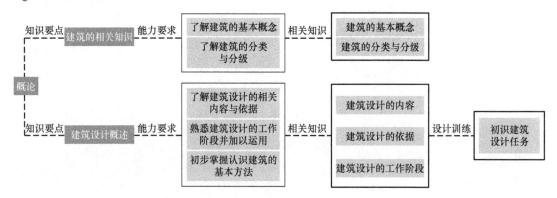

引言

党的二十大报告指出:"人才是第一资源,创新是第一动力"。建筑学专业发展至今,是无数先贤不断创新、勇于挑战技术极限的必然结果。本章学习内容将从建筑的基本概念开始,以建筑师的眼光初步认识建筑和建筑设计,通过建筑属性的学习引导学生积极创新,以全新的视角理解建筑。

1.1 建筑的相关知识

1.1.1 建筑的基本概念

1. 什么是建筑？

不同的人对建筑有着不同的理解，建筑可以是一个物体、一种生产活动，还可以是一处空间。首先，人们对建筑最普遍的认知是房子——房子是建筑，但建筑不仅仅是房子，塔、纪念碑等也可以称为建筑。其次，建筑是生产活动——个体建筑物的建构与城市的建设，乃至更大范围内的城市规划工作，均属于建筑的范畴。集中的房屋形成了街道、村镇和城市，人类建筑活动的范围也因此而扩大。由此，建筑为人类活动提供了场所，建筑也成为人类最初的生产活动。最后，建筑是空间——这是重要的也是常被忽视的一种概念，建筑可以是实空间包围所形成的虚空间，也可以是虚空间包围所形成的实空间。

建筑一词，在汉语里是多义的、含糊的。《辞海》对建筑的解释是：一是建造，建立；二是指建筑物，如房屋、桥梁等。《韦氏英文词典》对建筑的解释是：设计房屋与建造房屋的科学及行业，形成一种风格。至今，学术界对建筑的定义仍有争论，虽然有着不同的解读，却都能反映出建筑的基本性质和特征。

2. 建筑的三大属性

（1）空间属性。

建筑是实体和空间的统一，实体是建筑空间的依托，空间是建筑的灵魂。建筑的空间属性一方面体现在建筑的三维空间上：建筑，客观地存在长宽高三个方向的尺寸。另一方面，空间属性又体现在人在建筑中的行为活动上。当建筑师通过墙的围合、屋顶的覆盖等手段，创造一定的空间边界时，在边界以内，人类工作、休息等行为才得以展开。人们在建筑中进行活动时，真正使用的并不是空间中的墙体、屋顶等边界实体，而是这类边界实体所限制的内部空间。这种人的行为活动与空间之间的关系，就是建筑最重要的属性——空间属性。

（2）艺术属性。

建筑具有艺术属性，很多建筑师、哲学家、音乐家等都表达了这一观点。阿尔伯蒂认为"宇宙永恒地运动着，在它的一切运动中自始至终贯穿着类似性，所以我们应当从音乐家那里借用一切有关和谐的法则"；谢林认为"建筑是凝固的音乐"；音乐理论家姆尼兹·豪普德曼认为"音乐是流动的建筑"；古罗马、古希腊和中国古代的代表建筑，都具有浓郁的艺术属性。

（3）技术属性。

建筑需要技术来做支撑，很多建筑师也表达了这一观点。勒·柯布西耶提出，建筑是"居住的机器"；弗兰克·劳埃德·赖特提出，建筑是用结构来表达思想科学性的艺术；P. I. 奈维提出，建筑是一个技术与艺术的综合体。

现代建筑的技术属性更加明显，包括材料技术、结构技术、辅助技术等方面。建筑材料多取自自然。木材做建筑木构架，如抬梁结构、斗拱等；石材做建筑的基础、结构柱等；混凝土做建筑的墙体、结构柱等。建筑师可以选择合适的材料为建筑提供材料技术支撑。建筑有多种结构，包括梁板结构、框架结构、拱形结构、悬挑结构、壳体结构、折板结构、悬索结构等，建筑师可以选择适合的结构为建筑提供结构技术支撑。

3. 建筑的基本要素

按照上述三种属性分类，构成建筑的基本要素是建筑功能、建筑技术和建筑形象，三个要素彼此之间形成辩证统一的关系。

（1）建筑功能，是指建筑物在物质方面和精神方面必须满足的使用要求，是建筑的主要目的。

（2）建筑技术，包括建筑材料技术、结构技术、施工技术，是达到目的的手段。

（3）建筑形象，是指建筑形体、建筑色彩、材料质感、内外装修等，是建筑功能、技术和艺术内容的综合表现。

上述三种要素中建筑功能居于主导地位，它对建筑的技术和形象起决定作用。技术条件是实现建筑的手段，因而建筑的功能和形象要受到它一定的制约；反之，建筑功能和形象的要求也会推动建筑结构等技术条件的发展。建筑形象也不只是被动地表现建筑的功能和结构，同样的功能要求、同样的材料或技术条件，由于设计的构思和艺术处理手法不同，以及建筑所处具体环境的差异，完全可能产生风格各异的建筑艺术形象，在一些情况下，对建筑艺术形象的要求会成为设计中首要考虑的因素。所以，建筑的功能、技术、形象三者的关系应该是辩证统一、相辅相成的。

1.1.2 建筑的分类与分级

1. 建筑的分类

（1）按使用功能分类。

建筑按使用功能可分为民用建筑、工业建筑和农业建筑。其中，民用建筑按功能可分为居住建筑和公共建筑。

① 居住建筑：是指提供人们日常居住生活使用的建筑物，如住宅、宿舍、公寓等。

② 公共建筑：是指提供人们进行各种社会活动的建筑物，包括行政办公建筑、文教建筑、托幼建筑、医疗建筑、商业建筑等。

③ 工业建筑：是指为工业生产服务的各类建筑，如生产车间、辅助车间、动力用房、仓储建筑等。

④ 农业建筑：是指用于农业、牧业生产和加工的建筑，如温室、畜禽饲养场、粮食与饲料加工站、农机修理站等。

（2）按规模分类。

建筑按规模可分为大量性建筑和大型性建筑。

① 大量性建筑：主要是指量大面广，与人们生活密切相关的那些建筑，如住宅、学校、商店、医院、中小型办公楼等。

② 大型性建筑：主要是指建筑规模大、耗资多、影响较大的建筑，与大量性建筑相

比，其修建数量有限，但在国家或地区范围内具有很强的代表性，对城市的面貌影响很大，如大型火车站、航空站、大型体育馆、博物馆、大会堂等。

(3) 按建筑层数分类。

建筑按建筑层数可分为低层建筑、多层建筑、中高层建筑、高层建筑、超高层建筑。

① 低层建筑：指1～3层建筑。

② 多层建筑：指4～6层建筑。

③ 中高层建筑：指7～9层建筑。

④ 高层建筑：指10层以上住宅。公共建筑及综合性建筑总高度超过24m为高层建筑。

⑤ 超高层建筑：建筑物高度超过100m时，不论住宅或者公共建筑均为超高层建筑。

2. 建筑的分级

(1) 按耐久性能划分。

耐久等级依据建筑物的重要性和规模来确定。

① 100年以上：适用于重要的建筑和高层建筑。

② 50～100年：适用于一般性建筑。

③ 25～50年：适用于次要的建筑。

④ 15年以下：适用于临时性建筑。

(2) 按耐火性能划分。

耐火等级由组成建筑物构件的燃烧性能和耐火极限的最低值所决定，是衡量建筑物耐火程度的指标。建筑按耐火等级划分为四级，一级的耐火性能最好，四级最差。性能重要的或者规模宏大的或者具有代表性的建筑，通常按一级耐火等级进行设计；大量性的或一般性的建筑按二、三级耐火等级设计；次要的或者临时建筑按四级耐火等级设计。

1.2 建筑设计概述

建筑设计能够为建筑实体的营造提供依据，同时是一种艺术创作的过程。建筑设计既要考虑人们的物质生活需要，也要考虑人们的精神生活要求。

1.2.1 建筑设计的内容

建筑设计的内容按照专业方向分为建筑方案、建筑结构和建筑设备三个部分。

1. 建筑方案

建筑方案涉及建筑学的多个专业，其中包括：建筑的平面设计、各功能房间的布置、交通流线的组织、主次空间的关系、内外空间的协调、建筑单体的造型、建筑材料的应用、庭院和广场等多元素的综合设计，等等。

2. 建筑结构

建筑结构设计通常开始于建筑方案初步完成后，为了配合建筑方案中需要的多样空间，由结构工程师给出坚固、经济合理的配套结构体系，包括柱梁的网状系统、钢筋混凝土的型号和规格等。

3. 建筑设备

这类设计是针对给排水、强弱电、暖通、排污、燃气、电子通信等方面加入设备系统的设计。

1.2.2 建筑设计的依据

1. 使用功能

建筑设计是根据使用功能的要求，在指定的地点，设计指定功能的建筑单体或建筑群；其不仅要满足使用功能的要求，还应满足人体活动尺度、人的生理和心理的需求，为人们创造一个舒适、安全、卫生的环境。为了满足使用者的需要，应该了解人体活动的一些基本数据；例如，幼儿园建筑的楼梯踏步高度、窗台高度、黑板的高度等，均应满足儿童的使用要求；医院建筑中病房的设计，应考虑通道必须能够保证移动病床顺利进出的要求等。

2. 自然条件

（1）气候条件。

气候条件包括温度、湿度、日照、雨雪、风向、风速等，不同地区的建筑风貌大相径庭，与当地的人文历史有紧密的联系，与所在地区的气候条件也有着千丝万缕的联系。在设计中需因地制宜，如我国北方建筑需考虑长达五六个月的保温需要，以及秋冬季室内日照的需要；岭南建筑中通过设计骑楼来解决南方炎热多雨的气候。瑞典和芬兰的小型单体建筑，可以通过屋顶的坡度来处理掉大量的积雪，以免压坏建筑。

（2）地形、地质条件和抗震等级。

我国幅员辽阔，地形地貌特征丰富，建筑设计应遵循的条件也不尽相同，如我国北部平原地区，建筑物的抗震等级通常为7级，但在四川盆地等地震活动较频繁的山区，级别较高的公共建筑抗震等级需要达到8级、甚至9级。

3. 环境条件

建筑设计中需考虑建筑周边的环境条件，如基地方位、形状、面积，周围的绿化、风景，原有建筑，管网等。"成功的建筑是像生长在土地上的一样，与周围环境结合得天衣无缝。而不是放之四海而皆准的。"这是建筑设计对地形、地质条件依赖的一种完美诠释，复杂的地形地质条件会给建筑设计提出更大挑战，同时也提出更多的可能性，使建筑设计得更加精彩。

4. 技术要求

建筑设计中材料、结构、设备、施工等方面，应符合国家制定的规范及标准，如防火规范、采光设计标准、住宅设计规范等。

1.2.3 建筑设计的工作阶段

1. 设计前期准备

设计前期的准备工作包括设计依据研究、原始资料收集、现场踏勘、调查研究等。

2. 设计阶段工作

(1) 提出项目建议书。

(2) 编制可行性研究报告。

(3) 进行项目评估。

(4) 编制设计文件是最为重要的一个阶段，工作量较大，涉及专业较多，时间周期较长。设计文件包括方案设计、初步设计、技术设计、施工图设计四个部分。

① 方案设计：包括设计说明、总平面图及建筑设计图纸、投资估算、设计委托或设计合同中规定的透视图、鸟瞰图及建筑模型等。

② 初步设计：包括设计图纸、设计说明（设计总说明和各专业设计说明）、主要设备及材料表、工程概算书等。

③ 技术设计：根据已经得到批准的初步设计而编制的更精确、更完备、更具体的文件和图纸。

④ 施工图设计：包括封面、图纸目录、设计说明、全部专业设计图纸和工程预算书。

(5) 施工前准备工作。

(6) 组织施工。

(7) 施工验收，交付生产使用。

1.3 初识建筑设计任务

1.3.1 初识建筑

任务要求：对于建筑，每个人都有不同的认识与理解。初学者在正式学习建筑设计之前，应从自己的兴趣开始，找到识别建筑的切入点，将自己的所见、所想，关于建筑的某一方面表达出来。

学生选取城市的一处或一类建筑进行观察、调研。学生通过观察、调研初步认识建筑的含义，学习观察、分析和发现建筑问题的方法，初步了解建筑概念、中外建筑历史和建筑风格的基础知识，初步尝试如何从专业的角度描述建筑（图示或文字）。

成果要求：选定一个明确的主题，查阅资料、分析思考、有感而发，用分析图和文字说明的方式，表达自己对建筑内涵的初步认识。图纸内容：包括建筑、环境、规划、细部、小品等方面。图纸表达：以图（手绘）为主，文字为辅（少于500字），尽量采用分析图而不只是写实的表达。绘图工具及手法：可采用钢笔、水彩笔、马可笔、铅笔等，表现手法不限。图纸规格：A3图纸（420mm×297mm）1张。

1.3.2 综合作业赏析

评语：如图1-1所示，该作品选取古代建筑的屋顶进行研究学习，对攒尖顶、庑殿顶、圆券顶等屋顶类型进行了解分析，图面进行了一定的排版设计，画面表达较清晰，但图纸较写实，缺少自己的分析与想法。

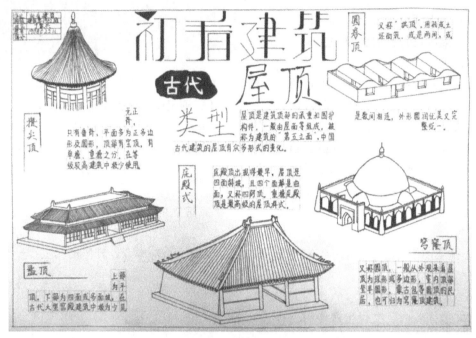

图1-1 学生作品一

评语：如图1-2所示，该作品选取我国传统建筑形式进行深入研究，从建筑的整体立面比例到剖透视乃至建筑细部构件如斗拱、瓦等进行分析，记录翔实，画面线条清晰准确，有较好的整体排版和详尽的细部分析，是一份较优秀的学生作品。

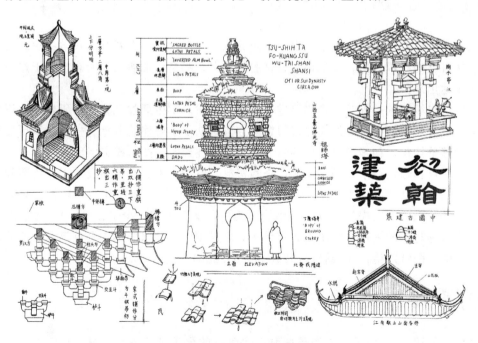

图1-2 学生作品二

评语：如图1-3所示，该作品选取一座教堂建筑进行分析，表达建筑平面和透视效果，并对其环境、结构进行分析，图面进行了一定的排版设计，字数与图片的比例恰当，有一定的说明分析。

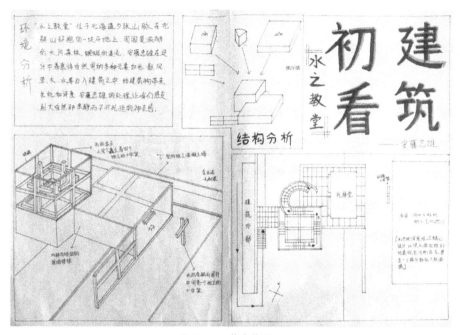

图1-3　学生作品三

本章小结

本章主要讲述建筑的相关知识，建筑设计的内容、方法并进行初识建筑的设计。通过本章的学习，学生能够对建筑的相关知识有一定的感性认识，了解建筑设计的相关内容与依据，熟悉建筑设计的工作阶段并加以运用，形成比较成熟的"初识建筑"作品，增强学生认识建筑、表达想法的能力。

习题

1. 设计训练

图纸抄绘与分析：抄绘某个或某类建筑的平面、透视图纸，并选定一个明确的主题，用分析图和文字说明的方式，从专业的角度对其进行分析，表达自己对建筑内涵的初步认识。

2. 思考题

用自己的语言概括建筑的基本概念。

第一篇

二维视知觉

第2章 一线之间

教学目标

本章主要讲述构成设计的概念、原理，线的构成和位置关系确定，线元素的概念，以及以线为主的元素构成设计。通过本章学习，应达到以下目标。

（1）熟悉构成设计的概念。

（2）理解构成设计的范畴和要素。

（3）掌握线元素构成的设计方法。

（4）掌握线元素构成的建筑应用方法。

思维导图

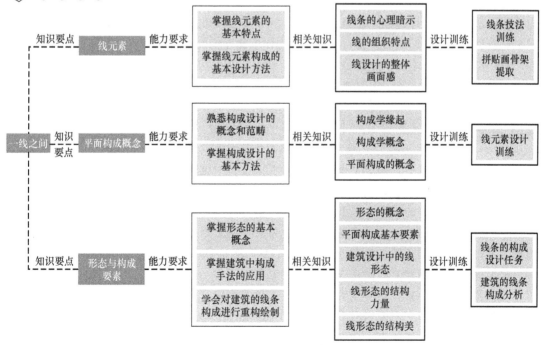

引言

建筑设计的开端是位置关系的确定，如建筑与场地的位置关系、第一条线与纸面的位置关系等。在本章中，引入了最具代表性的艺术形式——平面设计。平面设计作品的创作过程本身就是目标物之间的位置关系游戏。本章中，我们将学习从画面理论分析到二维平面设计，探讨主次客体之间的位置关系，并练习以眼睛为镜头，审视、分析平面构成中的线条主体。通过本章的学习，引导学生观察建筑空间并捕捉实体与虚空间的关系，通过对物象位置关系的剖析来引导学生了解建筑设计初期如何把控整体。

2.1 平面构成的缘起及概念

2.1.1 缘起包豪斯

【缘起包豪斯】

包豪斯理论是近现代主流建筑教育的模板，在我国建筑学基础教学中，至今仍延续着包豪斯理论中的核心体系。其内容涵盖传统的三大构成体系，即平面构成、色彩构成和立体构成，此外还包括编织、摄影、绘画、雕刻等技术工作坊；教学模式以师傅带徒弟的一对一辅导为主。在包豪斯设计学院短短十几年的历程中，经历了学校的搬迁和重新开放，也先后培养出了一批建筑设计大师、先锋艺术家、产品设计师等。在随后的近一百年，包豪斯的建筑教育体系深深影响着欧洲乃至全球建筑界。包豪斯代表人物有第一批近现代主义建筑大师，如格罗皮乌斯、密斯·凡·德·罗；也有摄影艺术家，如莫霍利·纳吉。包豪斯以它创新的设计理念将新的视觉形象与艺术、工业产品融为一体，深深地影响了现代设计史。

2.1.2 构成学的含义

在建筑学科范畴中，构成主要包括建构主义，其中重点研究构成造型的概念，以及包豪斯和风格派的抽象造型表现等。而建筑的构成，来自多层次和多方面，如平面的功能构成和建筑立面设计中的构成，以及更为重要的建筑的空间构成。空间构成能够决定一个建筑的空间感受和使用心理，是建筑设计中极为重要的原则。建筑构成的基础首先要寻找建筑构成的形式，比如归纳各建筑分区的空间特征及如何组织构成完整的空间，并通过比较、研究这些空间类型，得出建筑的性格和意义。

我国当代的设计教育在一定程度上受到苏联的影响，但在平面设计领域更多地承袭了德国包豪斯学派中的"三大构成"概念。作为建筑形态构成设计的基础教育体系，"构成"更倾向于图形设计。但脱离了建筑本身来谈形态与构成，对于初学者来说，会出现理论脱离实际的后果。所以，在本章我们会阶段性地安排结合建筑设计的思考，以及建筑构成的思维训练。

所谓形态构成，形，指物象形状，即物型的识别性；态，指态度，即人对物态的心理感受；构成，指以形态或材料为素材按照学科特性进行组合。形，为客观存在；态，为主观感受；构成，为创造与设计。形态构成，指设计成果应结合物象本体与人的感受。如图 2-1 所示，从原始几何图形到构成的演变，既表现出初始原形的轮廓特点，又表达了全新的组织效果，即为形态构成设计。

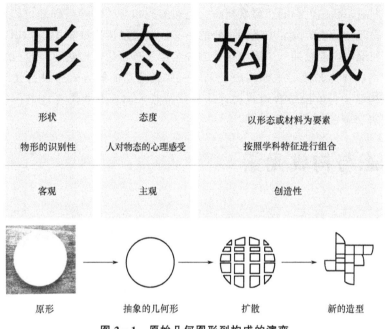

图 2-1 原始几何图形到构成的演变
（伊拉姆. 设计几何学［M］.
沈亦楠，赵志勇，译. 上海：上海人民美术出版社，2018.）

2.1.3 平面构成的概念

1. 平面构成的背景

构成是指将各种形态或材料进行分解，再作为素材重新赋予秩序、进行组织，具有纯粹化、抽象化的特点。构成被应用于建筑方面起源于德国，很大程度上沿袭了德意志制造联盟的设计宗旨，即艺术与技术的高度结合。构成发展至今已有百年历史，在建筑设计行业中结合现代抽象艺术特点，成功地缓和并解决了日益尖锐的批量工业生产和审美之间的问题。对建筑师的作品而言，建筑形态肩负着传达设计意图和被读者解读的双重任务。构成是一种设计手法，在建筑的造型设计中，构成可以理解为：以形态为基本元素，结合美学原则、力学原理和心理学等多维度知识，科学地进行分解与组合的构建过程。

建筑在某种程度上会传达给人一定的心理暗示，这种暗示实际上正是建筑师或者是建筑业主的意图所在，而建筑形态的审美性也正是很多建筑作为经典流传至今的关键所在。建筑形态的建构一直是建筑设计的关键环节，是一名优秀的建筑师应掌握的基本技能。分析建筑作品和了解建筑空间，进而建构建筑以体现建筑形态，最后合理组织建筑功能、流线和空间，是建筑设计的重要步骤。

2. 三种构成的关系

在建筑三大构成中，平面构成的重点是探讨二维空间，即在平面上的设计组织手法，具有一定的构成原则和构成元素；色彩构成，是在平面设计基础上加入色彩的知识，着重探讨色彩设计方法，涵盖色彩的三要素概念、色彩的调和与拼贴等基础知识；对于建筑学科来说，立体构成部分是建筑设计中最为重要的一部分，通过运用结构力学知识，将相应材料进行重新组织和设计，推敲某一个简单构件的各角度形态，最终构建纯粹的三维实体空间。

在学习初期，作为过渡，平面构成会采取一些脱离功能的方式来进行建筑平面形态的分析；在立体构成学习阶段结合建筑设计的专业特点，加入专业思考，进行设计训练，从而完成一个逻辑清晰的教学过程。

2.2 形态与构成元素

2.2.1 形态

形态可分为自然形态和人工形态，如图 2-2 所示。自然形态分为自然有机形态和自然无机形态。自然有机形态就是接受自然法则支配或适应自然法则而生存的形态，也就是富有生长机能的形态，如人体、动植物、叶子的纹路等，如图 2-2（a）所示，植物为自然有机形态。而自然无机形态是原本就存在于世界，但不继续生长、演进的，也就是不再具有生长机能的形态，如岩石等。如图 2-2（b）所示，鹅卵石是自然无机形态，它们本是无生命的无机体，却表现出有机形体的形态特征：表面光滑的曲面，是海水或潮汐等外力所形成的。石头本身无生命属性，在外力的作用下，逐步适应外力而形成类有机形体，尽管其确无生命，但它给人的感觉是有生命力的，具有强烈的扩张感。

(a) 自然有机形态

(b) 自然无机形态

(c) 具象人工形态

(b) 抽象人工形态

图 2-2 不同的形态表现

人工形态是人类有意识地从事的各种有形的活动，就活动意识来讲可分为不受任何条件因素限制而随个人的意欲表达其目的的纯粹造型和为其特定的机能条件去完成的造型活动——实用造型。

人工形态从外形来看，可分为具象人工形态和抽象人工形态。如图2-2（c）所示，具象人工形态是模仿客观事物而显示其客观形象及意义的形态，由于其形态与存在的实际形态相似，所以设计师不应追寻具象形态而设计。如图2-2（d）所示，抽象人工形态是概念上来自客观事物，而以纯粹的几何观念提升客观意义的形态，使人可以辨认原始形象及意义，而全新创造的形象。它是根据造型者概念的意义而创作的观念符号，并不模仿现实。建筑师设计时，应当探索的是相对较为抽象的设计目的，而非对既有事物的模仿。

建筑形态是丰富多样的，在我们身边随处可见的城市或乡村的形态，都是由基础的点、线和面共同组成的，层次丰富，形态多样（图2-3）。

图2-3 丰富多样的城市形态

2.2.2 平面构成基本要素

1. 点

在空间构成中，点是相对较小而集中的立体形态，是具有空间视觉位置的。现实中的点具有形态、大小、方向和位置。点的主要特征在于它可以吸引人的视线从而产生心理张力，产生空间感。点的设置可以引人注意，组织空间的轨迹，形成空间的边界控制。在构成中，点的集结常用来表现和强调节奏，也可以产生不同的力度感和空间感。

（1）点的性格特点。

点可以是任何图形的微小体现。数量极多的情况下，无论是树叶还是乐曲的音符在密集排列时都易产生点的效果。从视觉效果来看，越小的面积看起来越接近于点。与其他图形相较，圆形比较容易看起来像点形态。如图2-4所示，圆形的点状射灯更接近一列弧形的点，容易体现韵律感。如图2-5所示，当图形的面积较小时，点形态可以是任意形

图2-4 圆形的点状射灯

态。如图2-6所示，点形态的多种排列方式表达不同的性格特点。

图2-5　点形态可以是任意形态

(a) 不同大小、疏密的点混合排列，使之成为一种散点式的构成形式，较大与较小的点进行对比，较大的形体更接近面状的圆

(b) 将大小一致的点按一定的方向进行有规律的排列，给人的视觉留下一种由点的移动面产生线化的感觉

(c) 由大到小的点按一定的轨迹、方向进行变化，使之产生一种优美的韵律感

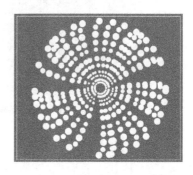

(d) 把点按大小进行既密集又分散的排列，产生点的面化感觉

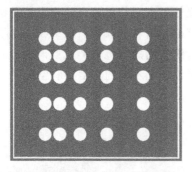

(e) 将大小一致的点以相对的方向逐渐重合，产生微妙的动态视觉

(f) 不规则点的视觉效果，画面自由，同时略显凌乱

图2-6　点形态的多种排列方式表达不同的性格特点

点的平面排列可以构成虚面，由点构成的虚线和虚面虽然不如实线和实面那么明确、结实，但更具有节奏与韵律的美感。比如，大小相同的点不等距排列时，可以产生规整而有序的美感；等间距排列、大小不同的点，可以产生强烈的视觉效果；由小到大排列的

点，可以产生递进的运动感，同时产生空间上的深远感，起到扩大空间的效果。如图2-7所示，点的平面构成设计中，不同大小的点按一定规律排列可塑造出很强的空间感。

图2-7 点的平面构成设计

虽然点是造型上最小的视觉单位，但其位置关系到整体效果，因此，点与造型的关系有相当实质的意义，如房门上的门把手、餐厅的吊灯、墙上的壁画、茶几上的花瓶。

（2）点的构成作用。

首先，点元素能够在整个画面中创造视觉焦点。当点的形态要素（如大小、位置、色彩、肌理等）与周围形态要素产生强烈的反差时，容易形成画面主体，吸引观赏者的注意力。

其次，点元素能够点缀画面主体。点在整体形态中起到美化、点缀主体，画龙点睛的修饰作用。

纯粹的点的造型在建筑形态中并不多见，而作为重要的形态出现时，需要有结构的支撑。而作为建筑表面，点组合后能产生疏密的变化。在伦敦奥运会射击馆的立面构成（图2-8）中，点作为唯一的建筑形态，一方面模仿射击运动的标靶，凹凸变化、疏密有致，另一方面使建筑的立面显得形象而活泼。

【伦敦奥运会射击馆的立面构成】

图2-8 伦敦奥运会射击馆的立面构成

2. 线

线是构成自然界物象和人造物象外形的一个基本要素,具有很强的心理效应。在造型设计中,运用线所具有的特点(粗细、长短、疏密)有组织地加以变化,可以取得线设计的不同情感效果(图2-9)。如图2-9(a)所示,水平和垂直线条带来稳定感,所以建筑需要传达出稳定、平和的特点时,常使用水平线条和垂直线条,如图书馆、医院等建筑;如图2-9(b)所示,无秩序的斜线表现出不稳定性,同时富有动感,所以通常商场、城市综合体、时尚地标等建筑宜采用斜线来表达动感。线是构成视觉艺术形象的一种基本的造型要素,也是建筑师创造建筑形象和表达自己情感的主要艺术语言。在建筑设计中,线既是建筑整体造型的轮廓,又是形体内各种装饰的线条。正是这些不同种类的线相互配合,构成了异彩纷呈的建筑艺术形象。

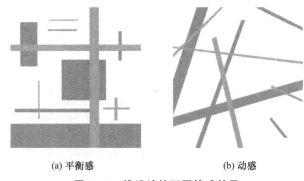

(a) 平衡感　　　　　　　　(b) 动感

图2-9　线设计的不同情感效果

线的基本类型有直线和曲线,由此可细分出多种线条,各种线条均具有不同的视觉感受,例如:

水平线——静止、安定、开阔、平静、安宁;

垂直线——阳刚、崇高、力量感、升降感、向上感、严肃、寂静;

斜线——飞跃、积极、动感、延伸感、不稳定感;

细直线——运动感、纤细、敏锐;

粗直线——紧张感、厚重、严密;

长直线——时间性、持续性、速度感;

短直线——急促、断续、刺激;

线型——线的形式,又可以分为实线、虚线、单线、双线,在此基础上加以变化的虚实并线、粗细并线等多种组合线型。在平面构成设计中,这些线条可以大大增加图幅等丰富程度。

本章中将以线作为设计的切入点,并在后文中详细解读。

3. 面

面元素在平面构成中基本以几何图形和自由图形两类形态出现,所谓几何图形又分为原始几何图形和变形几何图形。原始几何图形如正方形、正三角形和正圆形。变形几何图形即是在原始几何图形基础上发生微小变化而得到的。例如,正方形变形为矩形;正圆形变形为椭圆形或半圆形,进而变形为环形和扇形等;正三角形变形为直角三角形和锐角三角形；等等。而自由图形就是自然界存在的有机图形和人为创造的不规则形态的面。

2.2.3 建筑中的线形态

线是细长的形，与点、体、面元素相比，线具有明显的径直感和轻巧感。

线有方向性，线的方向可以表示一定的特性，如水平线的平静、舒展，垂直线的挺拔，斜线的倾斜、动感等。线的形态、色彩、质地的变化可以构成千差万别的线型。在建筑中，各种线型依其空间进行组合，形式多样又可以构成变化万千的样式。线形态是建筑的主要形态，即便将功能从建筑中抽离，一组抽象的建筑构筑物（图2-10）也仍然以线的形态为主，通过位置穿插结合的线框组合成形态不一的盒子，盒子共同构成变化丰富的空间。

图2-10　一组抽象的建筑构筑物

当建筑的功能被暂时抽离，人们看待它的目光会发生变化：它的美感或协调性会更明显，也就是说，它会更纯粹、更独立，也就可以展开更有针对性的探讨。

史密斯住宅（图2-11）理性地使用了水平线和垂直线，这仅有的两种线构筑起一种具有秩序和规则的纯粹的理性空间。而在以直线为主，不时穿插曲线的几何体中，这些有纵深感的空间与白色的墙面穿插，产生了特殊的韵律感和节奏感。它不再是单纯的构图因素的多次重复，也不仅是单方面强调水平感或垂直感，而是通过内在的呼应起作用，使建筑充满了现代极简主义的美感，让人有一种舒适、柔和的感觉。如图2-12所示，墨西哥GP住宅中的水平线也是"秩序性"的代表。

图2-11　史密斯住宅

图 2-12 墨西哥 GP 住宅

建筑设计中线形态的固有感受如下所述。

水平线——水平线的原始意味是一个支撑的平面，它给人沉稳、安定、平和、静寂、舒展和向两边伸展的感觉。

垂直线——垂直线的原始意味是地心的吸引，具有端庄、肃穆、坚定、阳刚、强直、挺拔等性格，形成向下沉落或向上升腾的力感。哥特式教堂中的垂直线条常用来表达神圣庄严的宗教氛围。

斜线——斜线产生方向上的强烈刺激，具有动态的倾倒、飞跃、冲击和运动方向的力感。

曲线——曲线包括几何曲线、自由曲线和弧线。

几何曲线具有对称美、秩序美和规整美，给人以规范典雅、工整冷淡之感。

自由曲线更具有曲线的特征，表现力极强，它的美主要表现在自然的伸展，自由而富有弹性，给人以奔放、飘逸、洒脱、轻快、随意的感觉。

自由曲线元素在当代建筑设计中并不普遍，却在文艺复兴的晚期以巴洛克风格出现在许多建筑创作中。巴洛克原意是形状怪异的珍珠，这种建筑风格常伴有椭圆的形体，以曲线为典型立面特点，代表作品是罗马圣卡罗教堂（图 2-13）。

【罗马圣卡罗教堂】

图 2-13 罗马圣卡罗教堂

弧线——弧线在建筑设计中常被应用在一些需要造型的建筑功能中，如国家大剧院、城市地标性建筑或会议中心等。弧线在建筑中显得有弹性，如大多数的张拉膜建筑都在建筑的膜结构有弧形元素出现，结合张拉膜的夸张形体和遮阳的功能，会显得该建筑具有极强的动态感受。

总之，曲线给人生动、活泼、优美、柔和、明朗等感觉。

2.2.4　线形态的结构力量表现

1. 表皮结构性能

当建筑结构或表皮等构件裸露在建筑外立面时，建筑的外表皮材料如钢结构、木材、竹子等会作为表皮中的线元素呈现，同时体现建筑结构的力学性能和材料的质感。如图2-14所示的张拉膜结构的建筑小品，风帆的造型尽显膜结构的视觉张力。而伦敦高层住宅的结构钢架（图2-15），结合玻璃的通透感和钢材的线元素强调了建筑结构的力量美感。

图2-14　张拉膜结构的建筑小品

图2-15　伦敦高层住宅的结构钢架

北京五棵松体育馆（图2-16），在建筑外立面上布置了竖向的线条，彼此交叠，参差不齐，既表达了适当的材料肌理，又展现了体育运动的动感；又如国家体育场（鸟巢）（图2-17）的外立面设计，将主要的结构展露在外部，形如鸟巢，实为钢结构，是线条构成的恰当展现。五棵松体育馆和国家体育场（鸟巢）的建筑设计体现了线条设计在现代建筑中的造型作用，同时也体现出我国建筑技术的空前发展。

图2-16 北京五棵松体育馆

图2-17 国家体育场（鸟巢）

2. 结构表现

框架体系是现代建筑中常见的结构体系，如日本仙台媒体中心（图2-18）将结构设计大胆地展露在室内空间中，考虑结构的抗震设计，内部的网状结构柱形成一定角度，并不显得粗壮。

3. 积聚

在线形态的诸多构成手法中，积聚形态并不常见，但其应用在建筑设计中，却常常

图 2-18 日本仙台媒体中心

【日本仙台媒体中心】

可以感受到积聚构成带来的厚重感,如彼得·卒姆托设计的 2000 年德国汉诺威世博会瑞士展馆(图 2-19),在木材的重复排列中,材料显示了规则而有力量的立面肌理,同时又保留了木材材质的温馨属性。在这次的展馆设计中,小尺度的构件横截面带来宜人的尺度、色彩和肌理感受,大尺度的构件长度带来震撼的空间感受。

图 2-19 2000 年德国汉诺威世博会瑞士展馆

【2000年德国汉诺威世博会瑞士展馆】

4. 单元结构

线条构成单元结构,进而重复成为建筑表皮形态,这种设计手法常在表达一种重复单元时使用,如国家游泳中心(水立方)的外立面设计,形如水泡,实则运用钢骨架结合充气膜结构设计而成,气膜形成充盈的表面肌理模仿了水泡,但气泡之间的界限由坚固的钢骨架支撑。

2.2.5 线结构美的表现

1. 简洁性和高效性

线条本身具备简洁的特性,线条表达结构时纯粹、清晰、明确。位于柏林的德国国家美术馆新馆(图2-20)由密斯·凡·德·罗设计,这位宣扬"少即是多"的建筑师在这个设计项目中将结构和形式做到最大程度的极简,外立面仅用极少的结构十字钢柱和玻璃幕墙构成,使人能清晰识别该建筑的结构特点和内部空间特点。

图2-20 德国国家美术馆新馆

2. 逻辑性和技术性

线条的形态不仅可以展现建筑的立面材料和结构特点,还可以展示建筑的空间逻辑性。如图2-21所示,日本关西国际机场的外部,屋顶的线条暴露着视线无法看到的空间高度,展示空间变化的同时,也展示着候机楼大厅的结构与技术特点。机场的内部,一组采光弧线强调着内部空间的形态特点。

图2-21 日本关西国际机场

2.3 线的视觉特点

2.3.1 各种线条的心理暗示

1. 横线

当横向的线条单独存在或成组存在于同一画面中时，易产生平稳、庄重的效果，在物体表面易产生横向拉伸效果。在建筑外立面中，横向线条看起来舒展、开阔。弗兰克·劳埃德·赖特设计的罗比住宅（图2-22）以横向线条展示着建筑的舒展和低矮，更加贴近自然。

2. 竖线

竖向线条易看起来高耸、狭长，成组出现时看起来更加纤细、锋利、挺拔。在建筑设计中，设计师常用竖向线条成组排列来烘托建筑的高度，使之看起来比真实尺度更高；即便是真实尺度不高的建筑，为凸显其建筑的地位，也常用这种手法来处理立面，如政府办公楼或高校的图书馆建筑立面。如图2-23所示，竖向线条的立面表达，更凸显建筑的高耸与庄严。

图2-22 罗比住宅

图2-23 竖向线条的立面表达

3. 斜线

斜线本身具有不稳定性，因本身的倾斜角度而带来不同程度的动势：角度越小，动势越小；角度越大，动势越大。因斜线本身角度的多样性，斜线的组合具有混乱感，加之不同程度的动感，会使以斜线为主的设计作品具有不规则性、动感、混乱和不稳定性。但以上的特点并无好坏之分，且正因为斜线具有这些特点，常在需要表达动感的建筑设计中被采用，如现代的商业建筑、前卫的观展类建筑和具有特别意义的纪念性建筑。例如：在丹尼尔·里伯斯金设计的都柏林大运河商业中心（图2-24）中，建筑主体空间运用了大量的斜向线条，凸显了建筑的动势，且具备现代感和年轻气息，较好地体现了商业建筑的特点。

图2-24 都柏林大运河商业中心

2.3.2 线的组织特点

在平面构成的设计中,线元素通常与其他线条组合排列,不同的线的组合也明确具备不同的效应。平面设计中不同的线型组合,可以产生不同的效果。

不同的线型具备不同的特点和心理暗示。

单线——简单、明了、直接、纯粹。

双线——双重的强调、平行关系、对称轴的想象。

多线平行——趋向于面、横向扩展、有宽度的强调。

虚线——不坚决的路径、轨迹。

多种线型的组合——复杂的设计。

2.3.3 线设计的整体画面感

1. 斜线条的组合

斜线条的组合会带来局部的不规则和混乱感,但利用这种线条组合,设计出笔触一致、线型统一、整体和谐的画面,也可表达出一幅具有整体性的平面设计作品。丹尼尔·里伯斯金的建筑设计构思草稿(图2-25)具有丰富的斜线条的组合,看似混乱但仍然可以识别画面中的主次关系和图层关系。

2. 垂直线条的组合

垂直线条的组合,通常指的是互为90度角时的两条直线。彼此垂直的线条组合在一起时,局部显得稳重、规整,整体组合中也可加入双线、虚线等其他线型。

3. 骨架线

在进行平面设计时首先要对平面进行骨骼搭建,也就是确定骨架线。骨架线在画面中的作用等同于建筑中的结构,比如柱、梁等结构部件,在一个体系中起到的是结构作用,

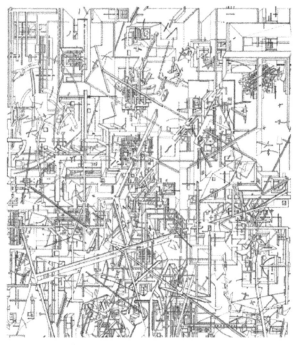

图 2-25 丹尼尔·里伯斯金的建筑设计构思草稿

又如骨骼,起到的是支撑全身的作用。骨架线也是如此,在画面设计中,没有骨架线就没有画面的结构关系。骨架线代表着画面的结构关系,其他的线条和元素或随之发展,或与之相关联。与骨架线位置关系由近到远,关联性也由强到弱,通过若干层次,将骨架线的强大力量传递出去,在画面中掌控全局。骨架线可以是画面中最为明显的完整直线,也可以是有断点的直线关系。如图 2-26 所示,骨架线是画面中最重的黑色直线,为增加画面层次感,骨架线可以是不完整直线,但仍有控制画面的重量感。在学生作业中,学生通过骨架线稳定全图,为下一步画面设计中掌握全局位置关系打好基础。

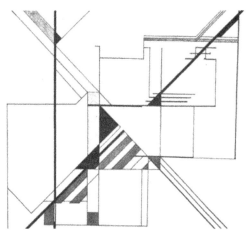

图 2-26 平面构成中的线条设计

2.4 设计任务

2.4.1 线元素的设计

线元素设计任务分为线条捕捉、线条韵律、线条构成设计三个部分，三个部分由简至繁，层层深入，探讨线条的视线效果、简单组织和统筹设计的综合能力。

首先，设计训练以分析和研究拼贴画入手，分析作品的含义和构成，根据对作品的理解，完成画作的调研工作；其次，在调研基础上提取画面结构关系和骨架线，进行线条的重叠训练；最后，用线绘的方法去抽象地重新表达拼贴画作品，用铅笔绘制线绘的成果。在线绘的基础上，结合线绘成果，重新进行创作，完成线平面构成作品。具体过程如下所述。

1. 线条捕捉——画面中线的性格

任务要求：对给定的一些艺术作品进行调查研究，并分析理解作品所传达的社会、经济、文化、政治等内涵，深度了解作品所表达的含义，掌握画面重点和主体物象的位置关系。

2. 线条韵律——画面提取线条设计

通过前一阶段的研究分析，在给定的平面作品中尝试进行线条的提取和设计，通过逐层地捕捉找到画面中的结构关系，按照层次找到画面的结构、骨架和支撑位置，以确定画面关系。

设计中应首先考虑画面关系，有主次之分，将骨架线设置在适当位置，进而设计第二层次、第三层次的骨架线，逐级参考前一级。设计时考虑加入多样的线条形式，可适当运用铅笔的深浅、型号来绘制。

3. 线条构成设计：拼贴画线条解构重组——线的平面构成

将前一阶段得到的不同层次的线条统一整理在同一画面中，通过线条的不同形态可以得到丰富的画面关系，然后在正图尺寸的基础上继续推敲改善，可以添加或者删减线条，将最终的线绘调整得适当。考虑线绘的整个视觉结构，重点关注画面中的主要视线中心和线条的层次关系。思考作品是如何控制你的视觉的，艺术家想让你最先看到什么，在哪里停留，以及设计者在进行设计时如何组织画面内容的位置。

线的构成作业在进行推敲整理中应对画面质量进行提高和二次设计，从而更符合平面构成的要求。

2.4.2 线条构成任务书

任务要求：选定建筑典范的立面或平面，进行二维画面的骨架线提取，再去分析结构关系。注意分析画面中的基本形——线条，以及线条的形式和线条的构成关系。在此基础上重新构思设计一个线条的构成作品，要求符合该建筑的平面或立面的骨架线关系，画面结构和细节与原图有一定的联系，同时注重个人的理解与创新。

构成作品安排在 A3 图纸上，边框根据设计自定，适当考虑留白设计。运用直线、曲线、连点成线、聚线成面等手法。手法不限，避免简单的逻辑构成。综合运用所学的构成形式、线型组合、设计原则等。设计说明 100 字左右，表达设计逻辑和设计重点，采用仿宋字。铅笔线条，尺规表达。

教学目标：进一步提高学生的抽象表达能力，加强学生对抽象表达的理解。学生要掌握线元素的平面构成和设计的基本原则。

2.4.3 综合作业赏析

评语：如图 2-27 所示，该作品以建筑立面为范例，推敲建筑立面中的主次结构关系，以线条为主要设计元素，表达建筑立面中的竖向承重关系、立面的前后关系；整体表现简洁、清晰；左侧一条骨架线稳定整体画面，以该线为重心，向四周辐射线条，离中心越远处线条越浅，层次分明；但画面平衡性还有待推敲。

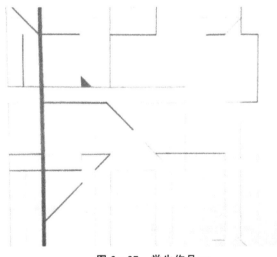

图 2-27　学生作品一

评语：如图 2-28 所示，该作品抓住建筑透视方向的视觉特点，大体量的块体堆砌、错叠，形成明确的体块关系，并在作品中突出表现体块的关系；通过透视角度观察到的体块关系落在平面上形成了转折、前后、遮挡等关系，在平面中用不同强度的线条表达更显有力，与左侧粗实线所构成的骨架线一同撑起均衡的画面。

评语：如图 2-29 所示，该作品以线条为主要元素展开设计，引发变形产生面元素组合，此时画面更接近于平面构成；画面散而不乱，有主有次，黑白灰层次鲜明。点线面三要素要互相结合、贯通，是较为成熟的平面设计作品。

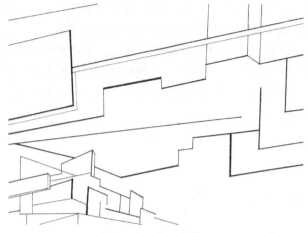

图 2-28　学生作品二

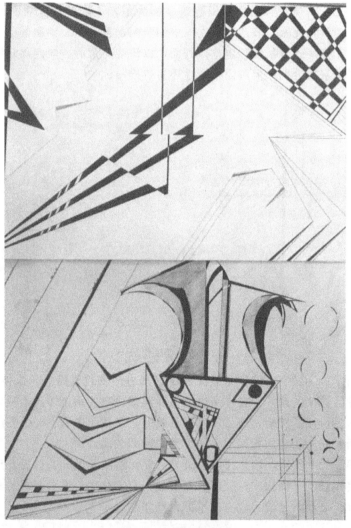

图 2-29　学生作品三

图 2-30 学生作品四

评语：如图 2-30 所示，该作品以线条追踪建筑的核心主体，确定主要位置关系，从而展开设计；在展开设计中引用了建筑的前后图层关系，借鉴了光影表达的手法，形成了丰富的画面，画面的层次感较强，内容丰满，表达灵活。

本章小结

本章主要讲述构成的基本概念、范畴、分类及线的构成设计手法，从平面设计中的位置关系入手，使学生理解二维平面设计的逻辑顺序，理解画面的结构、主从关系和层次关系，掌握基础的线条构成设计手法，以及运用简单的构成设计技巧分析建筑案例。

1. 设计训练

（1）铅笔技法训练——基本线型和线型组合练习。

要求：通过练习建筑绘图中的基本线型，了解建筑图纸的基本构成，了解建筑图纸的图面质量要求。练习铅笔基本线型和线型组合的同时，熟悉铅笔、丁字尺、三角板、图板等基本绘图工具的规范使用，培养严谨认真的工作态度。

内容：标准 A2 绘图纸一张；线条均匀清晰，接头精确；线型准确且层次分明，线间距符合尺寸要求，图面整洁美观。图面信息：班级、姓名、学号，字号为 10 号，仿宋字。

如图 2-31 所示为铅笔线条范例。

【铅笔线条范例】

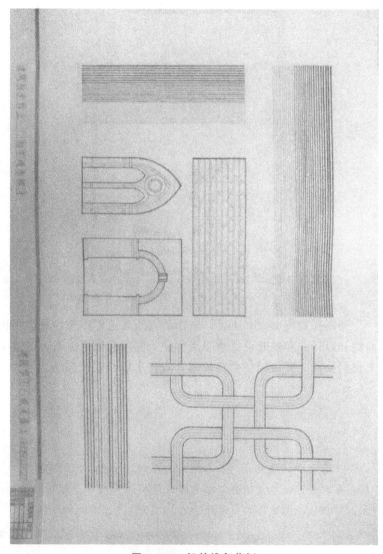

图 2-31　铅笔线条范例

（2）拼贴画练习。

如图2-32～图2-36所示为拼贴画范例参考。按照本章训练任务中的要求，替换参考拼贴画完成线条的平面构成。其中包括：包豪斯海报（图2-32），强调平面中严谨的构成比例；莫霍利·纳吉摄影作品（图2-33），在摄影中注重构图与明暗关系；剪贴画艺术作品（图2-34），强调各元素的平面位置关系；康定斯基构成作品（图2-35），强调抽象性；毕加索艺术作品（图2-36），强调印象主义。

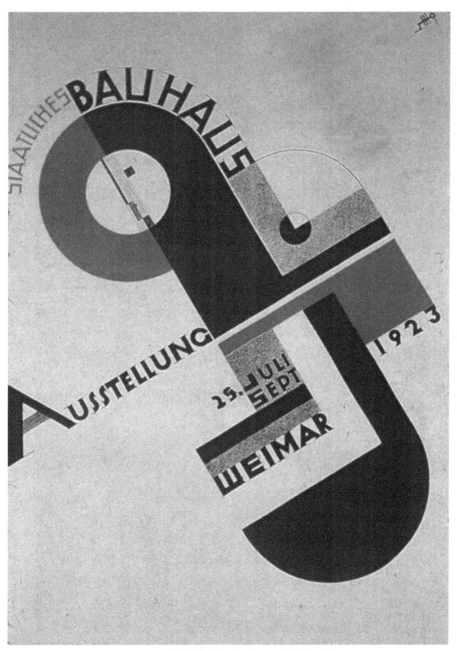

【拼贴画范例参考——包豪斯海报】

图2-32 拼贴画范例参考——包豪斯海报

图 2-33 拼贴画范例参考——莫霍利·纳吉摄影作品

图 2-34 拼贴画范例参考——剪贴画艺术作品

【拼贴画范例参考——康定斯基构成作品】

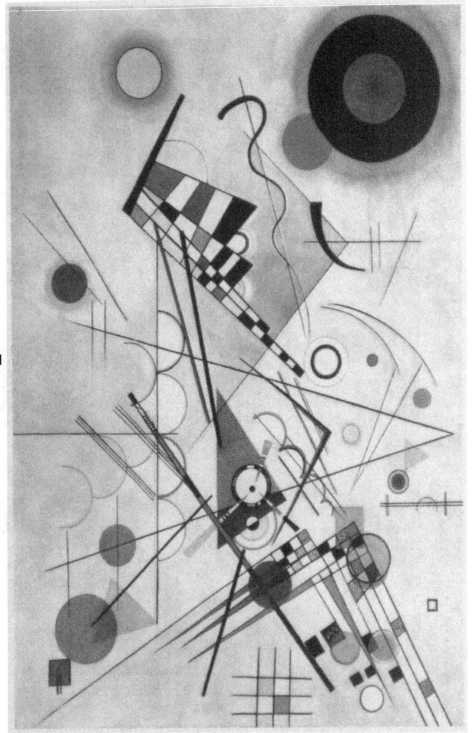

图 2-35 拼贴画范例参考——康定斯基构成作品

【拼贴画范例参考——毕加索艺术作品】

图 2-36 拼贴画范例参考——毕加索艺术作品

2. 思考题

选取印象较深的事物形态,如图 2-37 所示为扎哈·哈迪德设计的维特拉消防站,尝试从全新的角度审视与观察,对建筑作品进行形态抽象,提取点线面元素,思考这些基础元素如何组成了该建筑的主要形态。

【维特拉消防站】

图 2-37 维特拉消防站

第3章 一面之缘

教学目标

平面构成手法是建筑设计的基础,其特点是既有理论的讲解,也有实际的设计环节,通常在课堂上体现为评图环节。通过本章学习,应达到以下目标。

(1) 掌握平面构成的基本概念、元素和设计形式美法则。
(2) 掌握建筑设计在平面形态组织上的基本法则。
(3) 熟悉建筑平面空间的基本构成方法。

思维导图

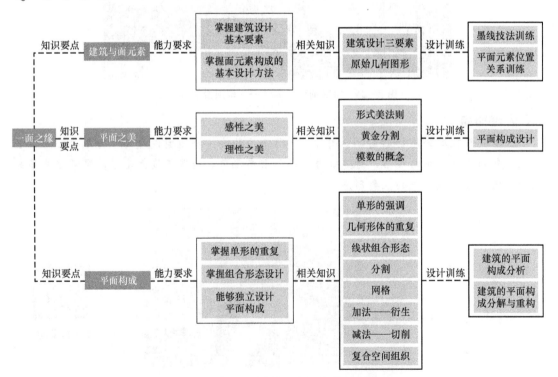

引言

建筑设计起源于建筑图纸在设计师头脑中从构思到草图的形成，是一个从想法到成果的过程。整个过程步骤甚多，工序烦琐，但究其根本，设计起源于人们对于建筑在原始功能上的要求。而设计图纸的起点通常是二维的元素之间的位置关系，这些位置关系的主体来自建筑中的各部分功能分区和建筑元素的抽象表达。这些抽象表达在设计之初，通常以点、线、面等形式组织排列在建筑师脑海中，然后逐渐形成建筑造型设计。所以，在建筑草图形成之前，设计者首先要熟练把握各元素之间的位置关系可能带来的使用者感受。这一过程，在设计过程中表现为阶段性图纸。

3.1 建筑要素

3.1.1 建筑设计三要素

公元前32年—前22年，维特鲁威编写了人类历史上第一部建筑学科的理论著作——《建筑十书》，该书是现存最古老、最权威的建筑理论书籍，书中全面地论述了建筑学科的基本理论和基本内涵，并首次提出了建筑学的三要素"实用、坚固、美观"。实用，指建筑的使用功能；坚固，指建筑的技术性，它的结构能够安全地支撑它自身以及使用者的荷载和行动；美观，指它的外表视觉效果和内部空间感受都是舒适和谐的。这三个方面，是综合衡量一个建筑品质的重要因素。

3.1.2 原始几何图形

在人类所熟知的图形中，可以清晰识别的只有传统的几何图形，如正方形、三角形、圆形等，在此基础上，通过发生微小的变形又产生了其他图形，如正方形两对边长不相等时称为矩形，圆形圆心不动半径发生变化时出现了椭圆形，三角形三边不相等时出现了直角三角形、锐角三角形或钝角三角形。这些图形都是原始几何图形的变形和发展。人类在进行早期的文明创造时大多采用的是原始几何图形，如金字塔的三角形、天坛的正方形基地等。

原始几何图形构图简洁纯粹，使用原始几何图形的建筑造型（图3-1）易于识别与记忆，

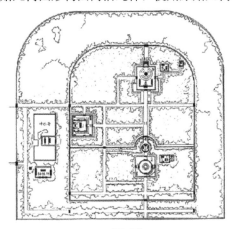
(a) 天坛平面

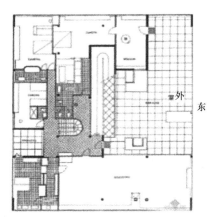
(b) 萨伏伊别墅平面图

图3-1 原始几何图形的建筑造型

建筑造型风格经历了跨越千年的风格流派承袭，却始终围绕着原始几何图形做文章。从公元前三千年的金字塔的正方形平面和三角形立面到古罗马时期万神庙的正圆球形主厅空间，从天坛的平面布局再到近现代西方建筑中的萨伏伊别墅平面；时代与派别、技术与审美，无时无刻不在发生着变化，但原始几何图形始终在建筑造型设计中作为不可或缺的元素存在着。

3.2　感性之美——形式美法则

建筑艺术，本身是一种满足技术支撑以外的情感需求。在进行建筑设计时，建筑师应从使用者的需求出发，探求建筑形体的视觉特性，研究其内在的视觉要素，如形状、数量、色彩、质感；关系要素，如位置、方向、重力。这种在诸多因素共同作用下的组合特点和规律，是建筑设计的形态要求，也就是形式上的审美原则，常称为形式美法则。

在研究建筑的形式美法则时，人们需要暂时把建筑形态同功能、技术、经济等因素分离开来，将建筑形态作为纯粹造型现象，抽离和分解为基本形态要素，如点、线、面、体甚至空间，进而逐步深入探索。建筑的形式美法则主要概括为以下几个方面的内容。

3.2.1　主从关系

主从关系探讨范畴中势必包括主体部分和从属部分，通常表现在复杂建筑群体中。较常见的主从关系有一主一从、一主两从等。这类设计中，主体部分位于中央部分，凸显地位的重要性，并可以借助侧翼部分带来体量上的衬托、形式上的对比，从而形成主从关系分明的有机统一体。在我国传统建筑的群体组合中，这种形式较为常见，如图3-2所示的北京故宫平面布局。在西方古典建筑中，也常用这种主从关系来凸显建筑的政治、社会地位等，如图3-3所示

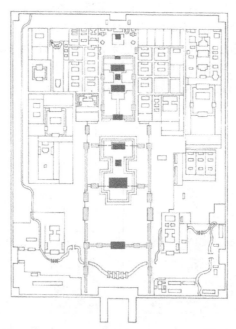

图3-2　北京故宫平面布局

的巴黎凡尔赛宫平面布局，虽在形式上有较多变化，但其遵循的原则基本上是一致的。近现代建筑在设计时不再拘泥于严谨的建筑形式，但一些建筑仍然保持主从关系的核心思想，力求达到集中权利的明显体现，如大学校园建筑的规划设计中，图书馆的地位通常要高于其他建筑单体。

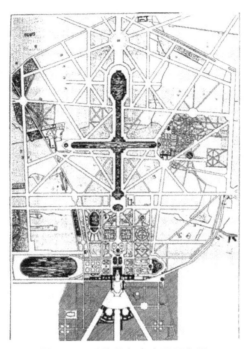

图3-3　巴黎凡尔赛宫平面布局

主从关系的一个重要因素是对称轴。对称的形式虽然力求完整和力量集中，但形式本身过于严谨，易使人联想到皇权、宗教，而历史发展至近现代，随着现代主义和后现代主义的出现，设计师力求在现代文明的技术保障之下极力推翻古典主义的形象，不再热衷于对称的建筑关系和单体形态，但主从关系仍然存在，一主一从的形式逐渐由对称性转向非对称性，如图3-4所示，美国国家美术馆东馆的主从关系，在设计中，充分利用功能特点，有意识地

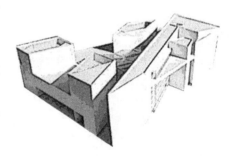

图3-4　美国国家美术馆东馆的主从关系

突出其中的主体部分，以此为中心，有意识地使其他部分成为从属地位，从而达到主从分明、完整统一的效果。

3.2.2　统一与变化

"原始的体形是美的体形，因为它能使我们清晰地辨认"。

——勒·柯布西耶

从古至今，人类对于形态的认识都是从原始的几何图形开始的。人们认为圆形、球形是完整的象征,具有美感;拥有绝对直角的形体,如正方形、正六面体和拥有直角顶角的四棱锥体都是绝对的形体,无论哪一个面都呈现同样的面积和同样的角度,不像钝角和锐角可以轻易改变。

这类原始的审美在人类建筑史中早有体现,如史前时期的英国巨石阵(图3-5),排列呈正圆形,通往巨石阵的古道与夏至日初升的太阳重合在同一直线上。在可考证的建筑中,中国的天坛和埃及的金字塔,均采用简单的几何形状构图而达到了高度的完整统一。近现代建筑突破了古典建筑形式的束缚,出现了许多不规则的构图形式,但沿用较多的仍然是原始几何形体的变形,如密斯·凡·德·罗设计的范斯沃斯住宅(图3-6)和巴塞罗那世博会德国馆,仍采用的是他擅长的简洁矩形。

图3-5 英国巨石阵

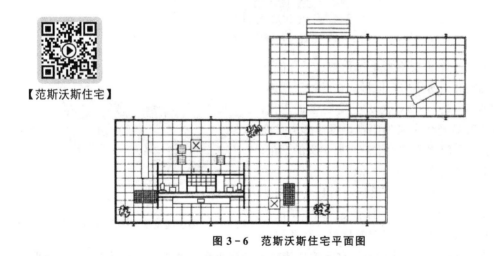

【范斯沃斯住宅】

图3-6 范斯沃斯住宅平面图

3.2.3 比例与尺度

1. 柱式

公元前6世纪,古希腊数学家毕达哥拉斯发现了黄金比例(即0.618),后来由古希腊美学家柏拉图将其称为黄金分割,自此,人们认识到数学对艺术的支撑作用。在文艺复兴时期,科学的进步使人们不断向人体自身探索,并将人体尺度的比例定义为宇宙中最完美的比例关系。建筑工匠在建造活动中将该比例赋予柱式，使柱头、柱身和基础之间拥有绝对的比例，进而用来衡量建筑高度、开间宽度等所有建筑的各项尺度。在西方建筑理论领域，古典柱式被称为 ORDER，即秩序。这意味着柱式在古典建筑中已经不仅仅是单纯的承重体系，更是衡量建筑等级、建筑体量、空间、门窗构件，甚至是线脚装饰等方面的重要因素；柱头装饰甚至可以体现建筑主人的政治或宗教级别。这一点，与中国古建筑中斗拱的作用类似。

古希腊三大柱式为多立克式、爱奥尼亚式、科林斯式（图 3-7），它们分别拥有不同的柱头装饰、柱身的比例及不同的柱础。多立克式柱身比例粗壮，柱子高度约为底径的 4～6 倍，柱身比较简单，通常象征雄壮有力的男性形象，在建筑群中通常使用在重要建筑单体中。爱奥尼亚式柱身比例较多立克式略显修长，柱身上下收分变化不明显，高度为底径的 9～10 倍，檐部高度与柱高比例约为 1∶5，柱头有涡卷形装饰，与多立克式相比略显复杂，象征女性的发髻的柔美，在群体建筑中多体现建筑的次要等级。科林斯式柱头装饰为大量向外盛开的植物，在建筑立面中仿佛是一些"强有力的草叶"将建筑檐口高高托起，其柱身和柱头比例与爱奥尼亚式相似。

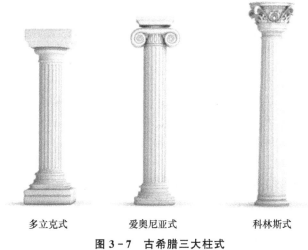

多立克式　　爱奥尼亚式　　科林斯式

图 3-7　古希腊三大柱式

2. 比例与几何关系

古罗马时期，这种建筑中的比例尺度关系被渲染得至高无上，如图 3-8 所示，在罗马万神庙设计中，除了内部空间设计成为正球形之外，外部立面上，山花宽度与其下部的立面高度之比约为 0.618，最外侧柱廊高度与后侧山花下沿高度比值仍约为 0.618，在设计立面时，是充分考虑到古希腊式三角形山花的高宽比例的，并且考虑到山花高度与主体建筑穹顶高度的比例，所以在真实的山花上增加了上部山花的立面设计，这种巧妙的做法使建筑正立面更符合比例关系，并产生和谐的美感。

中世纪时期，建筑的发展受到皇权和宗教统治的影响，建筑形象中出现了大量向上的力量，主旨烘托皇权和宗教本身的崇高，如哥特式教堂在这一时期极力地探索新的高度，力求达到与宗教中的天堂的无限接近。在随后很长的一段时间里，这种建筑风格十分盛行。文艺复兴时期开始后，建筑设计迎来了一次翻天覆地的变化，在对古典主义致敬的运

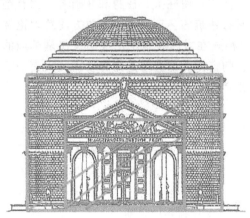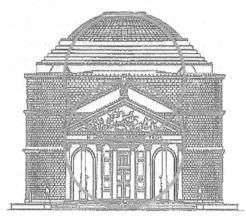

图 3-8　罗马万神庙正立面的比例关系

动中，建筑被强调要有和谐的比例和空间关系，在随后的三百年中，建筑设计师在建筑的平面设计和立面设计中运用了更多更严谨的比例关系。直到 20 世纪现代主义的出现，建筑又以一种全新的面貌用简洁纯粹的语言表达着比例和尺度的关系。

3.2.4　对称与平衡

建筑的形态和建筑的功能要求与社会需求有紧密的关系，很多形态较为对称的建筑单体或建筑群都属于政权性建筑或者宗教类建筑。现代社会中，政府办公楼建筑和法院等司法建筑，也因其需要体现至高无上的政治和法律地位，而通常设计成对称性。巴黎雄狮凯旋门（图 3-9）是典型的代表军权的对称式建筑。

图 3-9　巴黎雄狮凯旋门及其比例与几何关系

对称是简单的视觉平衡，但并不是所有的平衡都需要用对称来实现。平衡的形式有很多种，虽然建筑的形式和体量不再是左右完全一致，但是最终建筑所达到的稳定状态仍能给人一种视觉上的平衡感。设计师在处理建筑造型的过程中常用平衡来协调视觉上的动态和具有张力的造型。

1. 垂直

在研究对称的重要性之前，人们首先应认识到人眼对于垂直和水平的线条、事物有着特别的判定方式及更加敏锐的捕捉能力。在众多影像中，人眼与脑的配合能够很快识别水平和垂直的事物和边界，因为科学已经证明负责垂直线和水平线的大脑区域特别具有影响力。它们之所以重要，而且被人们认为是亘古以来世界一直依赖的两个最常见的方向，尤其是它们所形成的角度——直角。

在直角关系的形成中，垂直的两条线看起来是规整的，符合宇宙间的规则。因为它完全符合重力学的定律，在重力的作用下，任何静止的物体与承托物之间一定是保持重力方向上的垂直关系的。这就导致了人脑对于垂直性事物的固有印象：稳定、固定、不易变化。这种固有印象形成了垂直这种关系最简单明了的特性——稳定。

2. 对称

人类个体本身就是对称和左右平衡协调的。在人们的日常生活中，对称的物品随处可见，原因是工业产品由于大量生产的便利，需要多采用轴对称或者中心对称的设计来提高生产效率。事实上，人眼识别事物形体的最初一般是对简单形体的瞬时性记忆，也就是几何图形的抽象化记忆，如巍峨的高山，在记忆中往往都是三角形；精美的玲珑宝塔，被记忆成上小下大的梭形；大多数的几何图形都是对称图形，原始几何图形如正方形、圆形、正三角形，甚至都是中心对称的图形。

最具对称性的形体是正球体，例如古罗马万神庙的主空间，就是一个可以放下完整球体的典型空间。球体和以穹顶形式出现的球体剖面是许多传统建筑形式的特征，并创造了空间中的趣味中心。

对称的几何图形的重要设计要素就是对称轴，轴线上的内容往往就是建筑设计的重头戏。例如，北京故宫因为有了明确的中轴线设计（图3-10），将代表皇权制度的主要建筑都设置在中轴线上，不断推进空间高潮，烘托帝王的中央集权制度，使建筑和庭院空间在中轴线上不断升华。几乎所有的古典建筑都将主要入口设置在中轴线上，对称轴的部分成为了整个建筑最为突出的前景。

【北京故宫明确的中轴线设计】

图3-10　北京故宫明确的中轴线设计

3. 均衡

常见的均衡有静态均衡和动态均衡。静态均衡通常体现在对称性上。例如，承德普乐寺平面图（图3-11）中，可见寺院呈现完整的合院形式，内外多层进深，但严谨遵循对称手法，层层深入，从山门入内逐渐发展直至高潮部分，即正殿，无论是在建筑单体，还是在建筑群体的聚落设计及院落空间上，都严格的对称。

动态均衡通常呈现非对称性，但在非对称的同时，又具有一些对称的特征，如元素上有相同要素时位置不同，在相同位置上时元素微调。例如，沈阳故宫平面图（图3-12），虽有明确的中轴线，但轴线两侧的建筑布置并不完全一致，此时，在根据功能要求进行布局调整的同时，仍然凸显中轴线和中心庭院，目的在于强调中轴线尽端的建筑空间的重要性。

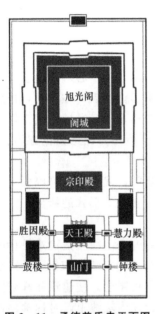

图3-11 承德普乐寺平面图

图3-12 沈阳故宫平面图

动态均衡通常较静态均衡更富有灵活的空间感，在布局上，同样符合画面均衡的要求，又不拘泥于严谨的对称形式，使建筑的各部分功能都释放功能性，极大地满足了使用需求和平面组织的完整统一。

澳大利亚的悉尼歌剧院在平面布局上也采用动态均衡的手法，不仅在平面的功能房间的组织上更为灵活，在海面上的立面视角上看起来也更加灵动，前后关系更为丰富，建筑更富动感。

3.2.5 节奏与韵律

"宇宙永恒地运动着，在它的一切运动中自始至终贯穿着类似性，所以我们应当从音乐家那里借用一切有关和谐的法则。"
——莱昂·巴蒂斯塔·阿尔伯蒂：《论建筑》第四卷

谢林："建筑是凝固的音乐"。

姆尼兹·豪普德曼："音乐是流动的建筑。"

建筑的艺术性与音乐在很多方面是互通的。在音乐领域，节奏是指音乐的节拍，是控制音乐情感的骨骼，通过循环的重复形成旋律。节奏有长短强弱之分，变化丰富多样，乐章中的节奏还有抑扬顿挫、轻重缓急之分。在建筑设计时，节奏体现在建筑形体和结构的重复和组织上。

韵律是一种极具美感的规律，它指形象在外力调节下所产生的情调和趋势。勒·柯布西耶曾说："韵律是一种均衡的状态，它既产生于或简或繁的一系列对称中，也产生于一系列优雅的平衡中。"在建筑造型中，节奏与韵律强调组成建筑的同一要素连续、周期性重复所产生的运动感，促使造型元素既连续又规律地变化。韵律感能引导人的视觉运动方向，控制视觉感受的规律变化，形成动态的丰富感、优美感。

例如，德国斯图加特美术馆外立面（图 3 - 13），钢和玻璃结合形成的波浪式曲面，缓和了外立面中其他部分墙面过于厚重的复古手法，在建筑中力求找到新和旧的平衡点，同时也带来了丰富的韵律感。又如，上海复星艺术中心（图 3 - 14）沿街立面的金属管，随着时间的推移，光线在外墙的缓慢移动，犹如教堂管风琴一般的质感和色彩带来了音乐般的舒缓和韵律，使这座现代建筑散发出古典气质。

【德国斯图加特美术馆外立面的韵律感】

图 3 - 13　德国斯图加特美术馆外立面的韵律感

【上海复星艺术中心】

图 3 - 14　上海复星艺术中心

3.2.6 对比与微差

在建筑设计中重复和渐变的设计手法常用到微差手法,一些情况下,在建筑平面中运用微差组织形态(图3-15)时,为各形态之间的突兀起到了过渡的作用;另一些情况下,为丰富建筑立面表达,或更多影像化的立面光影表现,建筑师在窗的设计中也常采用微差来强调建筑立面的灵活,形成建筑表皮的装饰性。如让·努埃尔设计的美国纽约第11大街100号公寓立面(图3-16),表皮由大小各异的窗拼贴成了碎片般的外立面,每块面板与一个房间相对应,彻底抹去了传统建筑幕墙的痕迹,甚至丝毫看不出房间的隔墙和楼板等结构构件。该立面属于非结构性外墙,却同时可以将低辐射的玻璃面板镶嵌其中,当光线摄入时,多样的玻璃为建筑增添了多样的室内光影。

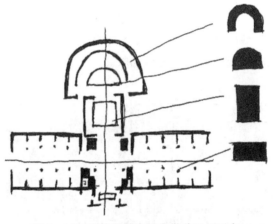

图3-15 建筑平面中运用微差组织形态

【美国纽约第11大街100号公寓立面】

图3-16 美国纽约第11大街100号公寓立面

又如浙江金华"正方体"建筑立面（图3-17），银灰色的"正方体"镜面铝板的像素墙有着异曲同工之妙，在这个简约的体块上，无规则地分布着"像素色块"和材料，它们共同营造出多变的效果。

【浙江金华"正方体"建筑立面】

图3-17　浙江金华"正方体"建筑立面

在建筑设计中，对比手法常用来凸显某一部分的建筑单体，或者建筑的主体范围。对比手法在于故意体现建筑各部分之间的冲突感，如加拿大的皇家安大略博物馆（图3-18）的外观，设计师丹尼尔·里伯斯金刻意将新建筑与古老建筑立面直接碰撞，形成了新旧交织的冲突视觉效果。在柏林，人们在修补古建筑时，也曾大胆尝试运用色彩斑斓的乐高玩具去填补欧洲古建筑上的缺口（图3-19），试图用新材料修补破损建筑。这种做法可能不利于古建筑的修缮，但从另一个方面看，极富新旧冲突感的色彩和肌理的对比可以直接抓人眼球，呼吁人们重视古旧建筑的保护和修缮，不失为一种趣味性的创意。

【皇家安大略博物馆】　【欧洲古建筑上的缺口】

图3-18　皇家安大略博物馆　　　图3-19　欧洲古建筑上的缺口

3.3 理性之美——数

3.3.1 黄金分割与黄金矩形

1490年，艺术家列奥纳多·达·芬奇根据维特鲁威在《建筑十书》中关于人体比例的描绘，绘制出完美比例的人体的钢笔画，即《维特鲁威人》（图3-20）。该画描绘了一个男人在同一位置上的"十"字形和"火"字形的姿态，并同时被分别嵌入到一个矩形和一个圆形当中。

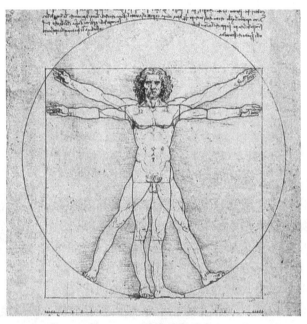

图3-20 《维特鲁威人》

雅典卫城的帕特农神庙正立面经测量其具备精准的黄金比例。如图3-21所示，二次黄金分割矩形构成了楣梁、三陇板、山墙的高度，最大黄金分割矩形中确定了山墙的高度，

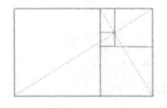 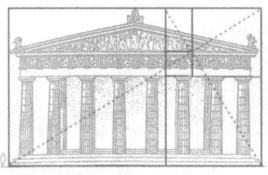

图3-21 二次黄金分割矩形构成了楣梁、三陇板、山墙的高度

最小的黄金分割矩形决定了三陇板和楣梁的位置；如图 3-22 所示，为神庙立面比例关系辅助线分析，可见神庙立面重要位置和节点均来自黄金比例分割线或其辅助线。勒·柯布西耶在其所著的《走向新建筑》中也记载了关于传统建筑平面和立面的几何比例分析（图 3-23）。

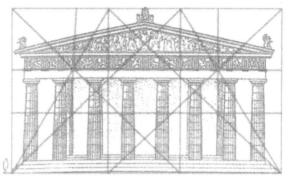

图 3-22　神庙立面比例关系辅助线分析

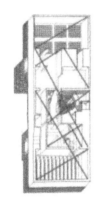

(a) 平面设计中的垂直辅助线　　　　(b) 立面设计中的垂直辅助线

图 3-23　勒·柯布西耶《走向新建筑》中关于平面和立面的比例分析

3.3.2　模数

在进行建筑设计时，为了满足工业化大规模生产建筑构件的需求，使不同材料、不同形式和不同制造方法的建筑构件与组合件具有一定的通用性和互换性，建筑师通常会统一选定协调建筑尺度的单位来作为设计建筑的模板，这就是"模数"的概念。中华人民共和国成立初期，由于主要的建筑结构材料是红砖，为了批量生产通用的红砖材料，建筑师在进行建筑墙体和楼板等相关尺度设计时尽量将数据设计成 3 的倍数，当时的建筑行业中出现所谓的"三七墙""二四墙"与当时大量生产并普及使用的红砖的三个维度尺寸有绝对关系。

在我国古代，为确定建筑中各部分乃至整体尺寸的标准，常用一定的规律作为参照。《考工记》中曾记载："室中度以几，堂上度以筵，宫中度以寻，野中度以步，涂度以轨。"

几,案几,长为三尺;筵,席子,方九尺;寻,为人体双臂伸展的长度;步,一步之距,六尺;轨,车子两轮间距,一轨等于八尺。以上为人体尺度延伸出的日常家具的尺度。可见,中国传统建筑中的建筑尺度均是已经定量化,有了一定之规。而不同空间度量的标准尺度不同,如文中叙述:厅堂用筵度量、居室用几度量、道路用轨度量。

中国古建筑中最具代表性的模数是宋代的材分制,匠人用材和分作为度量单位确定斗拱的尺度,进而以斗拱来确定建筑等级和梁跨、柱高、开间、进深等其他建筑尺度。在西方建筑历史中,相似的模数也体现在古典建筑的柱式中,通常建筑的柱头与柱身之间具有固定比值,通过不同柱式的柱底径可以进一步确定柱间距和柱高,进而确定山墙的高度和建筑的开间,这就是模数在建筑设计中的运用。

3.4 建筑的平面构成方式

3.4.1 单形的强调

在二维空间中,明确而单一的形体可以起到明确主题的作用,建筑设计时常用这种方式凸显建筑主题的完整性和统一性。例如,国家大剧院,虽体量巨大,但因高度与宽度比例协调,加之在水面上结合倒影给人的视觉感受形体较完整;又如,天坛祈年殿,虽体量较小,但在宽广的大面积场地中单独的存在,附近没有其他建筑分散重点,显得祈年殿建筑体量比实际大许多,凸显其重要的地位。

3.4.2 几何形体的重复

在进行二维的构成设计时,设计师先将建筑的功能和技术要素暂时剥离,单纯地探索形体之间的关系。通常建筑设计不能够由一个单体形象完成,而是需要复杂的形体关系来达到多种功能要求。如图3-24所示,通过对基本型几何形体进行平移、旋转等不同形式的重复,能够形成各种形式丰富的组合。

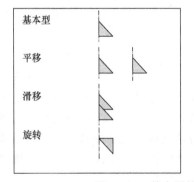 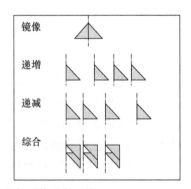

图3-24 基本型的几何形体重复形式

3.4.3 线状组合形态

线式平面组合形式（图 3-25），常见于相同或相似的功能组织中，同类空间并列或串联组织，如幼儿园的各班活动用房常设计为并列空间；而历史博物馆的各时期展厅常设计为串联空间，在组织这类空间时，以线形式组合一系列的同类空间使人参观时按时间顺序依次参观，避免参观的流线混淆。

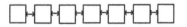

图 3-25 线式平面组合形式

建筑通常不仅仅包含一类相似功能，常伴有其他的多种功能，此时线状设计的多种变化（图 3-26）应运而生。

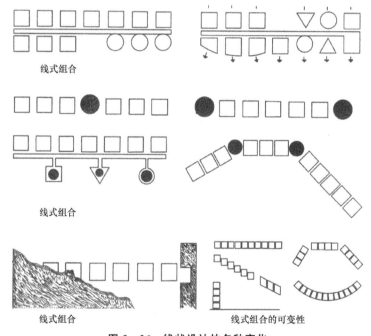

图 3-26 线状设计的多种变化

线状设计的多种变化来自设计条件的制约和限制：土地条件制约线状设计的走向轨迹；建筑功能条件限制线状设计的节点位置；建筑分区等条件限制线状设计的多种组合等变化。

3.4.4 分割

当建筑的总面积过大，即便占地面积足够也不适合统一按单层设计（除了电厂、工厂等特殊功能建筑外）。过大的面积会导致交通流线加长，不利于内部功能用房之间的有效联系。这时，建筑会随着场地的限制等因素逐渐调整成大体量的建筑单体。庞大的体块对于附近的建筑和交通有压迫影响，通常的做法是将庞大的功能梳理成几个部分，再按照各部分的功能特点进行建筑的平面分区设计。例如，美国国家美术馆东馆（图3-27），因其地形是不规则的梯形，设计师先将建筑体块一分为二，既用主体的等腰三角形延续了原有建筑的中轴线，又在新馆中用大厅分隔了观展部分和行政部分，而外观上利用一条隐晦的分割缝设计使建筑体量化整为零，内部空间分而不隔。

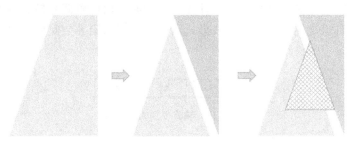

图3-27　美国国家美术馆东馆

3.4.5　网格

随着技术革命和审美的变革，现代建筑设计逐渐出现结构和造型都愈加简约的趋势，这与现代建筑中框架结构的普及不无关系。严谨的网格结构催生了网格状的空间，在框架结构中，平面的布局常常会在结构柱网中以不变应万变，用网格空间应对所有的功能要求，进而在网格空间基础上变化成为多种方式的网格化空间。如图3-28所示，网格空间可利用多种方式的网格化处理来得到有序的空间。

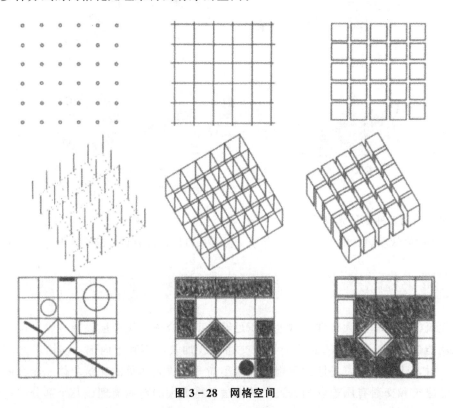

图3-28　网格空间

3.4.6 加法——衍生

设计师先将主体部分设计出来，附属功能在主体部分旁侧做附加，也叫作建筑形体的加法（图3-29），这种做法在形态上主次关系清晰可见，但若在群体建筑中过多使用，会带来诸多外凸的棱角，从而使外部空间变得不够宜人。

图3-29　建筑形体的加法

除了在主体功能上附加从属部分的做法外，还可以重复最简单元的形体，进行多变的形式组合。

3.4.7 减法——切削

为了避免加法带来的凸角问题，建筑师在场地内部总是力求设计出轮廓规整的建筑，在一些情况下减法就是更加恰当的做法。如场地的形态固定，建筑形态为遵循边界条件，通常在完整体量中进行切削（图3-30），既能保留体量完整性又可有效分隔功能。在完整体块中通过减法可以得到相对完整且有变化的形体；将完整体块切削后留下充分的使用空间，并保留相对完整的外形。

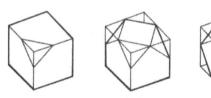

图3-30　完整体量中进行切削

3.4.8 复合空间组织

除上述形态组织以外，一些极端的流派和风格在设计师的设计中展现出了另外的形态。近代建筑学出现了以弗兰克·盖里为代表的解构主义学派，他设计的拉斯维加斯脑健康研究中心（图3-31）不遵循传统的建筑学思维进行刻板的形象设计，以夸张的造型手法和多元素的复合空间组织成为大胆的建筑试验品，令人印象深刻。但同时，也存在一些弊端，如超高的施工难度和难以控制的建筑成本。所以，在确定建筑形态时要考虑多方面的因素，经过综合考虑确定建筑设计效果是否合理。

图 3-31　拉斯维加斯脑健康研究中心

【拉斯维加斯脑健康研究中心】

3.5　设计任务

3.5.1　平面元素位置关系训练

平面构成以点、线、面为基本构图元素，其中与建筑设计密切相关的是面元素。以平面几何图形为例，基础元素两两之间形成的位置关系不同，给人的感受不同，图形的大小、方向不同，也同时影响作业结果。

任务要求：表 3-1 为平面构成基础训练。严格按照要求处理图中形体的位置关系，图形处理过程中感受位置关系不同带来的不同结果，进而感受画面的视觉感受，如稳重的、平静的、动感的、活泼的等。

目的：通过变换元素之间位置关系训练，可使学生了解不同的画面内容具有不同的固有印象和高度的通感，元素之间不同的处理可以带来不同的感受。学生的感受虽然主观，但一定程度上可以通过高比例的通感，而带来同一画面的高度情感认同。这种情感认同很大程度上就是建筑师所追求的使用者感受，而建筑带给使用者的第一感受就是造型本身带来的视觉和心理效应。

表 3-1　平面构成基础训练

构成方式	分离	连接	联合	缺失	透叠	差叠
基本元素	□	○	△	□	▱	○
□ 的构成训练（范例）	□□	⬭	⬠	▩	▱	⬭
○ 的构成训练						
△ 的构成训练						

3.5.2 技法训练——墨线训练任务

本阶段的设计是在第 2 章铅笔线条技法训练的基础上,要求学生用墨线完成设计图纸。在设计过程中,进行墨线技法训练,重点是直线、曲线等线条的绘制,难点是线条的衔接。

任务要求:临摹例图(图 3-32),利用绘图工具,完成墨线的线稿、正图绘制,严格参照例图的线型与画法,掌握针管笔的绘图方法,注意画面质量。

【墨线技法训练】

图 3-32 墨线技法训练

3.5.3 平面构成设计任务书

任务要求：选取具体的建筑、规划或景观设计作品，对其构成形式进行提炼和分析，一定要注意只在二维空间里分析。重点体会构成方式在建筑、规划和景观设计中的运用，注意避免牵强附会、生搬硬套。图幅为 A4 绘图纸，具体排版格式见本章综合作业赏析范例，具体的排版细节可自行设计，以黑色墨线绘制。图纸信息包括：班级、姓名、学号，字号为 10 号，仿宋字。

目的：在了解建筑平面、立面的构成基础上，将前期所学知识和建筑形式对应起来。选取建筑的平面图、立面图，对其进行平面元素的构成分析，为后期建筑的平面、立面设计做准备。

备选建筑：流水别墅、萨伏伊别墅、美国国家美术馆东馆、毕尔巴鄂古根海姆美术馆、悉尼歌剧院、巴塞罗那世博会德国馆、罗马千禧教堂、包豪斯设计学院校舍、中国银行总部、二号住宅（彼得·埃森曼）。

3.5.4 综合作业赏析

评语：如图 3-33 所示，该作品主要利用黑白色块区分主次，用线区分层次和进深感。黑白层次鲜明，线元素和面元素结合运用效果良好。

图 3-33 学生作品一

评语：如图 3-34 所示，该作品以线构为主，辅以圆环。主次分明，以线的粗细长短变化拉伸出具有张力与蔓延感的层次，画面简洁又不失丰富感。

图 3-34 学生作品二

评语：如图3-35所示，该作品利用线的粗细、虚实变化，多线型结合，充分发挥了"线"的动感特点；利用黑白灰的层次变化，化线为面，辅以极具张力的折角，形成力量感。整体画面断而未止，让人充满联想。

图3-35 学生作品三

评语：如图 3-36 所示，该作品元素丰富，整体有效组织，形成一定的层次关系，散而不乱；运用富有动感的曲线和力量感的锥形，使作品鲜活，有冲破纸面的感觉，个别形体以锐角结束缺乏推敲。

图 3-36　学生作品四

本章小结

本章在第 2 章拼贴图像的识别和重组的基础上，加强了平面构成的其他元素之间的综合设计，在平面设计的二维创作中，引导学生逐渐掌握画面的完整度、主从关系、视线主体和画面均衡等方面知识，结合视觉特点和形式美法则，综合提升画面的层次感和表现力，全面地提升建筑作品审视和设计的综合能力。

习 题

1. 设计训练

在平面构成设计任务书备选建筑中加入以下几类,尝试分析以下建筑的形态要素和构成手法。

(1) 古典主义建筑,如古罗马万神庙、凯旋门,古典复兴时期的建筑,如坦比埃多、圣马可大教堂,可从建筑的平面入手进行分析。

(2) 近现代建筑,如罗比住宅、路易斯·康的索尔克生物研究中心,以及后现代主义之后的解构主义,如巴黎拉维莱特公园平面、维特拉消防站等,可从建筑的平面或立面入手分析。

2. 思考题

(1) 结合"形式追随功能"这句口号及本章讲述的内容,思考未来建筑的形式与功能两者关系的发展趋势和设计逻辑。

(2) 中国传统建筑中,苏州园林整体布局灵活,空间迂回而多变,通而不透、遮而不挡。习近平总书记用"百步之内,必有芳草"来评价苏州城。请结合教材中形式美法则的相关内容,思考苏州园林的布局特点与传统思想之间的关系。

第4章 建筑的色彩

教学目标

本章主要讲述色彩及色彩构成的相关知识,把色彩构成运用于建筑上。通过本章学习,应达到以下目标。

(1) 了解色彩的现象及属性。

(2) 熟悉色彩的混合、对比与调和。

(3) 掌握色彩构成的基本概念和建筑形态的色彩构成。

思维导图

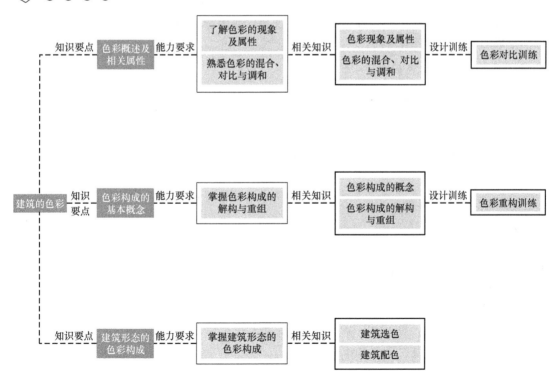

引言

传统的三大构成包括平面构成、立体构成、色彩构成。如果把色彩看成一个维度的话,基于平面构成的色彩构成和基于立体构成的色彩构成就可以看作三维设计和四维设计。任何一个肉眼可见的物质，都有色彩属性，即便是透明的玻璃，也会因为反射和透射，表现出环境或者背后的物体色彩。因此，掌握色彩构成知识是设计师必须要掌握的基本知识。

4.1 色彩概述

4.1.1 色彩现象

1. 光谱

光谱原理是由英国科学家牛顿发现的，他利用三棱镜将太阳光折射，形成了红、橙、黄、绿、青、蓝、紫七种颜色，这种现象被称为光谱。光谱又可分为可见光谱和不可见光谱。

2. 光源色

光源色是不同的光源发出光的颜色。其光波长短、强弱、比例不同，就形成了不同种类的色光。其中，只含有某一种波长的光就是单色光；含有两种以上波长的光就是复色光；含有红、橙、黄、绿、青、蓝、紫所有波长的光是全色光。

3. 物体色

物体色是光源色经物体的吸收、反射，反映到人视网膜中的光色感受。各种物体所投照的光源色不同、本身特性不同、对光的吸收和反射的程度不同、所处的周围环境不同，因而形成的物体色也各有不同。

4. 光源色与物体色的关系

物体的色彩来源于光源的色彩，光源的色彩影响着物体的色彩。物体的表面质感具有不同的反射值，形成了不同的色彩，物体所存在的环境通过反射和折射使物体呈现出不同的色彩。

4.1.2 色彩属性

1. 无彩色系与彩色系

（1）无彩色系。

从物理学角度看，黑、白、灰不在可见光谱中，不能称为色彩，属于无彩色系。但从视知觉和心理反应上，它们也具有完整的色彩性质，与彩色系一样具有重要的意义。

（2）彩色系。

彩色系是指除了黑、白、灰之外的颜色。光谱中的全部色彩都属于彩色系，其数量是无限的，它以红、橙、黄、绿、青、蓝、紫为基本色，基本色之间的相互混合及基本色与无彩色系的混合，可以产生很多种颜色。

2. 色彩三要素

（1）色相。

色相指色彩可呈现出来的质地面貌，也指特定波长的色光显现出的色彩感觉。不同波长的色光给人不同的色彩感受,如在可见光谱中,人可以感受到红、橙、黄、绿、青、蓝、紫这些不同特征的色彩,它们之间的差别属于色相差别。

(2) 明度。

明度指色彩的明暗程度。在无彩色系的颜色中,白色的明度最高,黑色的明度最低,灰色居中。在彩色系中,每一种颜色都有着自己的明度特征。

(3) 纯度。

纯度指色彩的鲜艳程度或饱和度,它主要取决于色彩波长的单一程度。可见光谱中的各种单色光属于极限纯度,是最纯的颜色。在一个纯色中加入无彩色系或彩色系的颜色,纯度会降低。

3. 色立体

色立体是指色彩按照色相、明度、纯度三属性的关系,加以系统的组合与排列,构成具有三维立体的色彩体系。

如图4-1所示,色立体中以无彩色系(即黑白灰色)为中心轴,360°圆环位置代表无限的色相维度;从上至下明度越来越低;圆环从外至内纯度越来越低,表示在最外侧纯色相中加入水平对应的无彩色系颜色越来越多。在色立体中,通过上下、内外、圆周位置三种方式表达了色彩的三要素:明度、纯度和色相。色立体有助于把握色彩的分类和组织,以及对色彩进行完整的逻辑分析,它是研究色彩调和的基础。

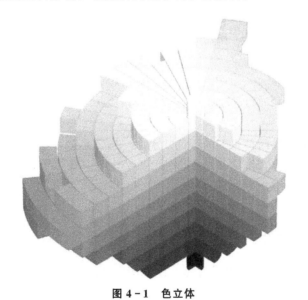

【色立体】

图4-1 色立体

4.2 色彩的混合、对比与调和

4.2.1 色彩的混合

两种不同的颜色混合在一起,构成与原色不同的新色彩称为色彩的混合,色彩的混合有以下三种不同的方式。

1. 加法混合

加法混合是色光的混合。两种不同光源的辐射光投射到一起，光亮度会提高，其特点是混合的成分越多，混合的明度就越高。一般用于舞台照明、橱窗及摄影等方面。

2. 减法混合

减法混合主要是指色料的混合。由于三原色混合后的新颜色增加了对色光的吸收率，而反射率则相应降低，因而纯度和明度会降低。

（1）颜料混合。

颜料混合属于减法混合。透明性强的颜料，混合后具有明显的减光作用，如水彩和丙烯；透明性弱的颜料，由于含有较多的粉状物质，减色效果就不明显，如水粉、油画色等。颜料混合常被用于绘画和设计中，用途较广泛。

（2）叠色。

叠色是透明色料色彩间的相互重叠的混色方法，也称透光混合。透明色料相重叠一次，透过的光量就相应减少，产生的新色的明度也会随之降低。

3. 中性混合

中性混合即视觉色彩混合，它是基于人的视觉心理特征产生的。中性混合不改变色光或颜料，色彩混合后的明度既不增加也不减少，而是混合各颜色的明度平均值。

（1）旋转混合。

把两种以上的色彩并置在一个圆盘上，通过快速旋转即可产生色混合现象，称为旋转混合。颜色旋转混合的效果在色相方面，与加法混合的规律很接近，但在明度上是混合各色的平均值。

（2）空间混合。

空间混合指将两种或两种以上的颜色并置在一起，通过一定的空间距离，在人的视觉上形成的混合。其效果比直接用颜料混合的效果要明亮、生动。色彩面积的大小及人眼的观察距离是色彩空间混合产生的基本条件。

4.2.2 色彩的对比

色彩对比是由视觉器官的作用引起，通常指两种或两种以上的颜色相互影响而显现出的差别，它们之间的相互关系就是色彩的对比关系。各种色彩具有色相、纯度、明度、形状、面积、心理与生理效应等方面的差异性，这种差异性的大小就决定了对比的强弱。

1. 同时对比与连续对比

（1）同时对比。

不同的颜色同时放置在一起时，由色彩间的视觉作用所引起，色彩感觉与原有色相产生差异，我们把这种现象称为同时对比。也就是说，在同一时间、条件、环境、视域内人眼所看到的色彩对比现象。

(2) 连续对比。

连续对比是指先后看到的不同色彩的对比现象,也就是前面讲到的视觉残像,可分为正残像和负残像。正残像是指当强烈刺激消失后,在极短的时间内还会在眼中停留的现象;负残像产生在正残像之后,当强烈刺激引起视觉疲劳时,眼里会出现与原色相反的色光。

2. 色彩三要素对比

(1) 色相对比。

不同颜色并置,在比较中呈现色相的差异,称为色相对比,如图4-2所示,色相环中的色相相互对比称为色相对比。

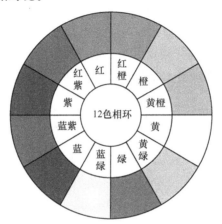

【色相环】

图4-2 色相环

① 纯色对比:红、黄、蓝三原色是色相环色上最极端的色,它们不能由别的颜色混合而产生,却可以混合出色环上所有其他的色,它们之间的对比是最强的色相对比。

② 间色对比:橙色、绿色、紫色为原色相混所得的间色,其色相对比略显柔和。

③ 邻近色对比:在色相环上顺序相邻的基础色相,如蓝与绿、红紫与蓝、橙与黄这样的颜色并置关系,称为邻近色相对比。

④ 类似色对比:在色相环上非常邻近的色,如红与橙、绿与蓝这样的色相对比称为类似色对比,是较弱的色相对比。

⑤ 补色对比:是指色相环上距离180°的对比,如红与绿、黄与紫、蓝与橙。补色对比具有强大的鲜明度与视觉刺激作用,具有饱满、活跃、生动的特点。

(2) 明度对比。

将不同明度的两种颜色并置在一起,因明度差异形成的色彩对比称为"明度对比"。明度对比在色彩构成中占据很重要的位置,色彩的层次、体积感和空间关系主要依靠色彩的明度对比来实现。

(3) 纯度对比。

建立在纯度差别基础之上的色彩对比称为纯度对比。对比的强弱取决于色彩的鲜艳与灰暗的差别程度,纯度对比的效果更柔和、含蓄。色彩可以通过两种方法降低纯度:一是混入无彩类的黑、白、灰,而灰色又是由不同比例的黑色和白色混合而成;二是混入该色的补色。

3. 色彩的其他对比

色彩对比是通过一定的面积、形状、位置、肌理表现出来的,研究色彩对比,离不开与之相关的因素，这关系到色彩的最终效果。

（1）色彩的面积对比。

色彩的面积对比是指两个以上的色块相对比的面积比例，即面积的大小。当两种颜色以相等的面积对比出现时，对比效果强；当面积大小相差悬殊时，小的面积则产生烘托、点缀的效果，此时对比效果弱，并转化为统一色调。此外，同一色相，面积相同则对比较弱，而面积相差较大则对比强烈。

（2）色彩的位置对比。

两种或两种以上的不同色彩，由于它们之间远近距离的不同，对比效果也不同。其位置关系可分为：上下、左右、远离、邻近、切入、接触等。在保持双方色彩不变的情况下，位置远时对比弱，接触时对比强，切入时对比更强。

此外，在画面的构图中，要选定视觉中心，这个中心对视觉来说比较稳定，是色彩表现最强的地方，一般情况下，可取绝对中心偏右的区域，可以给心理上带来完整、平衡的感觉。

4.2.3 色彩的调和

色彩调和是指两种或两种以上的色彩和谐地组织在一起，获得心情愉悦、满足的色彩搭配效果。

1. 基本原理

（1）类似调和。

类似调和是以统一为基调的配色方法，强调色彩要素中的一致性关系，追求色彩关系的统一感，达到色彩调和的目的。它包括统一调和与近似调和。

（2）对比调和。

对比调和是以强调变化而组合的和谐色彩，在对比调和中，明度、色相、纯度三要素都处于对比状态，调和的难度较大，色彩效果强烈、生动、活泼，且富于变化。对比调和主要包括秩序调和、色调调和、隔离调和。对比调和要达到变化统一的和谐美，要靠一种组合秩序来实现，称为秩序调和；色调调和主要是强调色调的作用，形成总的色调倾向，如朝霞夕晖、白昼黑夜、春华秋实、晴霜雪雨等自然色彩现象；隔离调和是在对比色之间加入隔离色进行缓冲，协调各色之间的矛盾，使之产生有机的联系。

2. 配色原则

（1）均衡原则。

在色彩的均衡中有两种主要形式：对称的均衡和非对称的均衡。对称的均衡是运用最广泛的形式美法则，具有单纯、稳定、质朴、庄重、统一的秩序感，但同时也容易造成单调、死板、缺乏活力的感觉；非对称均衡不追求绝对的对称，色彩的面积、位置等也无须绝对对称，只要求视觉重心的平衡，使色彩达到生动、活泼、灵活多变的效果。在运用中，要注意色彩重量感的均衡。

（2）主次原则。

色彩构成应根据图形、内容、意境、形式效果分清主次关系，用主色调控制整个画面的色彩倾向。同时，以主导色协调诸多对比关系和复杂多变的色彩构图。一个画面主色调的形成,需要通过各种关系的比较而产生。一般纯度高的色彩具有明显的视觉冲击力和诱惑力,容易成为主导色,面积较大、接近画面中心、轮廓整齐的图形也比较容易形成画面的主角。

(3) 节奏原则。

所谓节奏是从音乐术语中产生的,是对比因素反复出现,通过高低、强弱、长短,有规律地交替和反复所形成的一种秩序美。对于色彩的节奏,则是通过色相、纯度、明度的渐变、反复等形式来获得的。例如,渐变是通过色相、纯度、明度、冷暖、面积、位置、聚散、疏密等因素,产生连续、均衡的间隔,从而产生鲜明有力、规则条理的韵律感和节奏感;重复是通过某一色彩组合规律性的重复而产生秩序、条理、连续的节奏与韵律,是一种规律变化的秩序美。

(4) 呼应原则。

呼应是与对比相联系的,差别大的色彩画面容易失去平衡。因此,必须考虑色彩之间的呼应关系,以取得视觉上的平衡。在呼应中,应根据画面构图的需要,以点、线、面的形式进行疏密、虚实、大小的丰富变化,才能使画面产生协调统一的美感。

3. 色彩借鉴

色彩借鉴是从色彩的角度,对自然社会和优秀的艺术作品加以认真的研究和学习,并充分结合自己的创意进行全新的设计,它既是一种对艺术作品升华的学习方法,又是一种学习色彩的有效途径。

(1) 色彩借鉴的范畴。

人类大多数的色彩借鉴是从自然中获得的。自然色彩是我们在客观世界中能够感受到的色彩现象,如蔚蓝的天空、红色的朝阳、七彩的彩虹、春夏秋冬四季的颜色等,这些客观世界的色彩成为我们借鉴的对象,也是我们研究和学习色彩的最好素材。在人类漫长的历史进程中,人们从不同的国家、地域、民族中借鉴了许多特色鲜明的色彩要素。这些色彩要素热烈而富有情感,其对纯色的运用非常独到,红、橙、黄、绿、青、蓝、紫等与黑、白、金(如藏族)等合理搭配,效果强烈、和谐,具有较强的艺术感染力,对于设计中色彩的运用是很好的启迪。

(2) 色彩借鉴的方法。

对色彩的学习首先应归纳色调。归纳色调可以避开丰富的色彩变化对眼睛的迷惑作用,抓住色彩关系的主体,用归纳出来的简练的色块,重新构成画面。既不失原画的色彩面貌和精神,又训练了对色彩的整体意识和表达能力。

在归纳的基础上再进行局部对比。在色彩关系中,色彩的局部对比所产生出来的效果也是很强烈的,具有很强的感染力和震撼力,以其细部取舍的精到和强烈的色彩,形成特有的构成感觉。用局部择取的方法,在被借鉴的素材中找到最值得研究和发展的部分,进行放大和归纳,再灵活地结合到自己的设计之中,充分体会局部对比的色彩美。

4.3 色彩构成的基本概念

色彩构成从人对色彩的心理知觉效应出发,运用科学原理与艺术形式美相结合的方法,发挥设计者的主观能动性和抽象思维,利用色彩在空间上的可变幻性,按照一定的色彩规律去组合各构成要素间的相互关系，创造出新的、理想的色彩效果，是一种对色彩的创造过程。

4.3.1 色彩构成的概念

将两个以上的单元组合，按照一定的原则，重新组合形成新的单元称为构成。将两个以上的色彩，根据不同的目的性，按照一定的原则重新组合、搭配，构成新的色彩关系就叫作色彩构成。

4.3.2 色彩构成的解构与重组

1. 解构主义

"解构，简言之，即为分解与重构。"解构主义是对现代主义正统原则和标准批判地加以继承，运用现代主义的语汇，颠倒、重构各种既有语汇之间的关系，从逻辑上否定传统的基本设计原则（美学、力学、功能），由此产生新的意义。用分解的观念，强调打碎、叠加、重组，重视个体和部件本身，反对总体统一而创造出支离破碎和不确定感。

2. 分解重构的两个阶段

（1）分解。

分解可分为采集、过滤和选择几个部分。对原图的色调、面积、形状重新调整和分配，抓住原作中典型色彩的个体和特征，加以抽取，按设计者的意图在新的画面上进行有形式美感的概括、归纳和拆分，包括获取色彩和确定色彩比例。

【色彩构成的分解与重构例图】

（2）重构。

重构指整理组织结构，将色彩注入新的组织结构，产生新的色彩形象，留有原图的元素或意境，将原有的视觉样式纳入预想的设计轨道，重新组合出带有明显设计倾向的崭新形式。寻找原画面的设计特点，在作品中加入设计师的理解，对作品进行再创作，是重构的过程。如图4-3所示，为色彩构成的分解与重构例图。左图为原图，右图为解构重组的色彩构成设计。

图4-3　色彩构成的分解与重构例图

 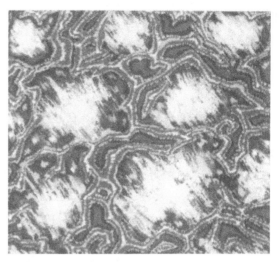

图 4-3　色彩构成的分解与重构例图（续）

4.4　建筑形态的色彩构成

4.4.1　建筑选色

1. 建筑色彩与环境呼应

考察周边建筑、景观乃至当地气候所致的环境色彩，根据设计表现的意图，选择配色方案，确定以调和或对比为主。如图 4-4 所示，意大利 La Raia 酒店，因处于山坡环境中，色彩上具备意大利传统的质朴石料色彩，同时反映乡土建筑的素雅风格。

图 4-4　意大利 La Raia 酒店

【意大利La Raia 酒店】

2. 建筑色彩与民俗文化

当地的风俗习惯、居民的喜好和传统也会在一定程度上决定建筑色彩的选择。例如，红色对于中国人有特殊意义，绿色对于沙漠地区的人有特殊意义。如图 4-5 所示，上海世博会中国馆设计中采用中国红为主要色彩，体现了中国特色。

【上海世博会中国馆】

图 4-5　上海世博会中国馆

3. 建筑自身的色彩需求

建筑选色也需要考虑建筑自身功能的需求，是否需要以色彩的心理功能来强调建筑的功能。由于色彩有轻重、远近、温度、注目性等心理效果，可以通过色彩来区分建筑体块。如图4-6所示，夏雨幼儿园的色彩选用了丰富的色相来体现幼儿园建筑的活泼要素，色彩的明度和纯度都相对较高，能够较好地凸显幼儿园建筑的欢快属性。

【夏雨幼儿园】

图 4-6　夏雨幼儿园

4. 建筑色彩表达材料

很多时候，建筑色彩直接由建筑立面所需要的材料决定，在确定材料后，检验一下所呈现的色彩是否符合对比调和的规律即可。如图4-7所示的三宝蓬艺术中心，砖的材质较好地表达了建筑的艺术效果，既朴素又富有质感。

【三宝蓬艺术中心】

图 4-7　三宝蓬艺术中心

4.4.2　建筑配色

1. 建筑主色调与跳色

建筑呈现的色彩画面中，如果某个色相所占面积大于 70%，我们就可以认定这个色相是主色调。主色调内的颜色可以有明度上和纯度上的细微差异，色相也可以用类似色，均不影响这个色相作为主色调。这种色彩画面看起来和谐，但是乏味，此时可选用一个与主色调色相邻近或对比的颜色作为点缀色，来打破单一色调的呆板，使画面活泼，我们称之为跳色。

大部分建筑都希望表现沉稳，避免浮躁，主色调都是纯度较低的灰色调，这时候，任何一种色彩都可以作为跳色，只要纯度足够高，面积适中即可。如图 4-8 所示，亚美尼亚 Ayb 中学教学楼中，黄色竖向圆柱体虽自身明度不高，但明朗的色相已经将较小的体块与周围的矩形大体量建筑区分开来，似乎在强调着室内空间的不同功能。

2. 建筑色彩的图底关系

人们常说水是无色的，雪是白色的，似乎黑白也属于色彩的一种，但是在色相环上并没有黑白色，也就是说这种只有明度没有彩度和色相的"颜色"，严格来说并不能算是一种颜色，也就是说黑白不能与红橙黄绿呈并列关系。

我们在建筑设计过程中有时候会用不同颜色表达一种并列关系，尤其是单元式的建筑，不应把黑色、白色的单元块与有颜色的单元块并列。建筑设计过程中同时使用黑白灰与彩色时，要区分建筑的图底关系。框架的、表皮的、背景的是底，图形的、内芯的是图，黑白灰不要与高彩度颜色同时并列存在图中或者底中。如图 4-9 所示的西直门泊寓，白色宜作底色，明黄色宜作图色。如果人长时间处于一个没有明显主色调跳色关系且多色相、高彩度的环境里，会产生色彩疲劳，丧失对色彩的敏感，感到乏味，甚至出现色弱。

【亚美尼亚Ayb中学教学楼】

图 4-8　亚美尼亚 Ayb 中学教学楼

【西直门泊寓】

图 4-9　西直门泊寓

3. 色彩的凸凹与虚实

　　建筑造型最常见的形式是赋有色彩的各类几何形体，当两个不同色彩的几何形体交织在一起的时候，其外表面色彩会遵循凸角不变色，凹角变色的规律。当体块因减法处理而削切时，会露出体块内部的"芯"，这时就要区分表皮与芯的图底关系，着以两种不同色彩。建筑立面常因为材料不同而出现凸凹变化，处理好这种凸凹关系，会产生一种材料覆盖在另一材料的秩序感，通常外凸的材料会使用明度高的颜色，内凹的材料使用明度低的颜色，利用色彩的远近心理强化这一凸凹的感觉。建筑立面讲究虚实的对比，通常虚实与立面的材质、图形和凸凹有关系，立面中开窗洞口的玻璃在日光条件下易产生黑色的视觉效果，形成后退的虚的感受；相比之下，墙体色彩饱和度较高，易形成前进的实的感受。

4.5 设计任务

4.5.1 色彩对比训练任务书

任务要求：在 30cm×30cm 的卡纸上，绘制 9 个 8cm×8cm 的方格，方格内绘制内容相同的图案。尝试用水粉颜料涂上颜色，主色调从上至下进行明度递减，辅色从左至右进行纯度递减，使 9 个小方格的组团形成同一色相组合、不同明度、纯度的系列图片。

目的：使学生体验不同明度、纯度之间的不同，感受纯度对比对画面效果的影响，练习调配色彩。

如图 4-10 所示，为色彩对比作业例图。

【色彩对比作业例图】

图 4-10 色彩对比作业例图

4.5.2 色彩重构训练任务书

任务要求：选取有代表性的建筑或景观的图片，分析其中色彩三要素，按照不同色相的面积比例将图中色彩抽象出来，绘制在连续方格上，用来体现面积比例。再按照抽象出来的色彩组成及画面结构特点，重新设计新图，将色彩按比例附在新图上，观察新旧二图的联系。将新旧二图和抽象色彩画在 20cm×25cm 的水粉纸上。

目的：训练学生分析色彩的能力，理解不同形状、相同色彩的情感共性。

如图 4-11 所示，为色彩重构作业例图。

建筑设计基础

【色彩重构作业例图】

图 4-11　色彩重构作业例图

4.5.3　综合作业赏析

评语：如图 4-10 所示，该作品仅使用蓝色一种色相，通过调整不同色块的明度与彩度，做了同一图片从高长调到低短调的不同色彩对比，对比鲜明。

评语：如图 4-11 所示，该作品提取了原图中的主要色彩成分，形成色彩构成相同的平面构成作业。中间竖向色条是对左图的色相进行分类及比例说明，右图中的正方形色块是根据对原图中色彩结构特点的理解，进行抽象的重构。

本章小结

本章主要讲述色彩及色彩构成的相关知识，把色彩构成运用于建筑上。通过本章学习，学生能够了解色彩的现象及属性，熟悉色彩的混合、对比与调和，掌握色彩构成的基本概念和建筑形态的色彩构成，完成色彩对比和色彩重构两个设计任务，增强学生分析色彩、表达色彩的能力。

习　题

1. 设计训练

建筑配色：拍一张校园建筑的照片，描画出照片建筑及景物线条，根据色彩知识重新配色。新配色要求达到色彩的对比与调和。

2. 思考题

(1) 如果建筑外墙的红砖砖缝由黑色变成白色，整体色彩感觉会有什么变化？

(2) 日光下看建筑的外窗，其色彩体现出的三要素有什么特点？

(3) 一个物体表现出的色彩是否会因为环境颜色或光的颜色而有所变化？

第二篇

三维构思

第5章 立体构成

教学目标

本章主要讲述立体构成的理论、设计方法、材料与空间、手法等,并进行立体构成的设计任务。通过本章学习,应达到以下目标。

(1) 了解立体构成的造型手法。
(2) 掌握空间中几何形体的构成形式。
(3) 形成比较成熟的立体构成设计作品。

思维导图

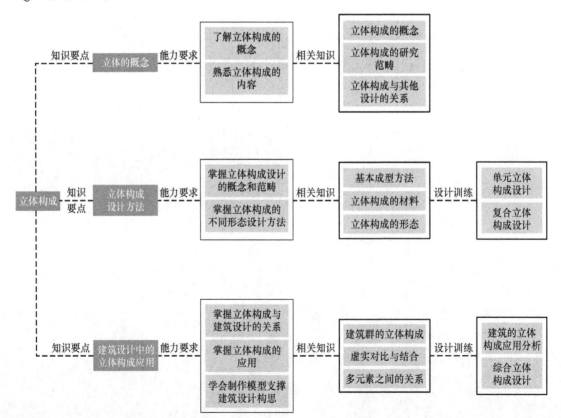

第5章 立体构成

引言

立体构成作为三大构成理论之一，有着自己独特的设计原则、设计方法，在建筑设计中也越来越多地运用到立体构成的手法。本章重点在建筑设计的教学阶段进行造型训练，并反复推敲设计立体构成作品，增强学生对建筑形体的认识与体验。

5.1 立体构成理论

5.1.1 缘起及发展

"立体构成"这一概念来源于20世纪的德国。为适应时代发展的要求，1919年在德国魏玛创建的包豪斯设计学院，以崭新的设计理论和设计教育思想，使它成为当代构成设计的发源地和当代设计的摇篮。包豪斯设计学院创建了以平面构成、立体构成、色彩构成为主要启蒙教学阶段的基础课程。立体构成理论隶属于传统包豪斯教学基础课程理论之一，与平面构成、色彩构成并称为传统三大构成理论。在包豪斯设计学院中，设计师约瑟夫·艾伯斯首创以纸版材料进行艺术教学的方法，让学生在不考虑任何实用功能的条件下，利用材料的性能和巧妙的构造，研究纸版材料的空间美感变化，从而奠定了立体构成的基础。

但随着时代和文化的发展，科学水平的进步，包豪斯传统的构成设计和构成教育已存在明显的时代局限性，我们应在时代发展的基础上，取其精华，关注人们心灵和情感的需求，让设计真正做到"以人为本"。

5.1.2 立体构成的概念及性质

立体构成是利用一定的材料，以视觉为基础，以力学为依据，将造型要素按照一定的构成原则，组合成为形体的一种构成形式。它的任务是揭示立体造型的基本规律，阐明立体造型的基本原理。

立体构成是由二维平面形象进入三维立体空间的构成表现，是继平面构成和色彩构成之后的一个重要的构成形式。

立体构成结合了实体形态和空间形态，实体形态的材料在结构上应符合力学要求，空间形态的组织应符合一定的空间组合规律，完整的立体构成作品（图 5-1）在材料上要使其色彩和肌理遵循空间形式的表达。

5.1.3 立体构成内容

1. 立体构成的研究范畴

（1）空间立体形态基本要素：如线材、面材、块材、空间、肌理的性质和表现，以及相互之间的联系等。

建筑设计基础

【多种材料的立体构成】

图 5-1 多种材料的立体构成

（2）对空间造型的形式美法则的理解和运用：如重复、渐变、特异、对比、比例、节奏、韵律、对称、均衡等。

（3）对立体空间造型的视觉心理的把握：如简洁、中心、量感、错视规律、空间感、进深感等。

2. 立体构成的过程

整个立体构成的过程是一个从分割到组合或从组合到分割的过程。任何形态都可以抽象成为点、线、面这三种元素，而点、线、面又可以重新组合形成任何形态。立体构成的探求包括探求材料的形、色、质等心理效能，探求材料强度和探求加工工艺等物理效能，等等。

3. 立体构成与设计的关系

前面章节中探讨的平面是由长度和宽度建立起来的二维空间，因为它不具备厚度维度，因此具有抽象性；与其相对应，本章中的立体构成具备长度、宽度、高度三个维度，因而更具有空间感。立体构成在视觉感受上与空间构成、造型设计有相似之处，但又有绝对的差异。造型设计关注外部造型和各材质之间的处理与结合，而立体构成更严谨，更倾向于在研究受力合理性的同时去探寻目标物各角度的视觉和谐。立体构成是将平面要素、材料要素、受力逻辑等各相关因素抽取出来，专门研究立体构成模型中视觉效果和造型特点，从而做到科学、系统、全面地掌握立体形态。

5.2 立体构成设计方法

5.2.1 立体构成的成型方法

1. 立体构成的基本成型方法（图 5-2）

（1）破坏与解构。

如图 5-2（a）所示，破坏与解构是对材料的初加工，也称为减法加工，这是人的一种有意识行为。

① 切割：用刀或锯对纸、布、板等材料进行切割，使材料分离，打破整体，得到变化。直线切割，可以用美工刀切割较薄的胶合板或吹塑板，对于较厚的木板、密度板、塑料板等，应选用适当的锯。在切割时，锯应与材料平面成 45°角，薄的材料用锯齿小的，厚的材料用锯齿大的。曲线切割，对于较薄的材料可以用美工刀，较厚的材料可以用钢丝锯或者大剪刀，在加工的时候，一般需要一个模板来定位。

② 撕扯：对完整的材料进行人为的破坏，如撕扯、拉拽等手法，使材料破碎、分离，并留下各种裂痕；或是将整体打碎一部分，造成残缺的形象，使得形象破坏得自然、随意。

③ 劈凿：这是一种比较强力的破坏方式，比如用刀斧进行砍、劈、锤、凿，以形成大的缺损或裂痕，这种造型适合表现粗犷的效果。

④ 钻孔：用电钻或其他尖锐物体，对材料进行打孔处理，使材料具有通透、镂空的效果。

⑤ 刮锉：用锉刀或砂纸等工具对材料表面进行人为处理，以达到光滑或粗糙的效果。

⑥ 拆卸：是对成品材料或废弃物进行结构的破拆，使整体变成零件，也可去除一部分，保留一部分。

（2）组合与重建。

组合与重建和破坏与解构正好相反，破坏与解构是立体造型的减法，而组合与重建是立体构成的加法。如图 5-2（b）所示，组合与重建是将简单的或者破碎、零散的形体重新连接和组合，创造一个新的整体造型，也称为加法加工。

① 拼贴：将各种线、面、块材料相互集合在一起，如用胶水、焊接、编扎等手法。

② 榫接：这种方法应用在家具上比较多，它是将榫头插进榫槽之中，使材料对接，结合在一起。

③ 贯穿：一个形体贯穿于另一个形体，既可伸缩变化和活动，也可固定。

④ 捆绑：是用线或铁丝将两个或多个形体扎紧牢固。

（3）变形与扭曲。

如图 5-2（c）所示，变形与扭曲是将规则的实体或材料进行异化变形处理，使单调的形体变为复杂生动的形态。

① 块状变形法：是对一个几何形态造型的表面进行浮雕或线刻处理，追求凹凸变化。例如，可以对泡沫、石膏、油泥等材料进行处理。

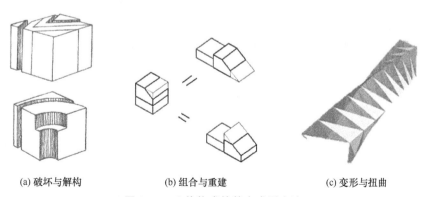

(a) 破坏与解构　　　　(b) 组合与重建　　　　(c) 变形与扭曲

图 5-2　立体构成的基本成型方法

② 骨架变形法：不考虑体积，以最简单的线结构去相交、穿插、伸长、压缩，创造出夸张和抽象的形体。

2. 立体构成的材料加工方法（图5-3）

对于不同的材料，我们应根据它的生产特性和材料密度采用不同的加工方法，以取得所需要的效果。

（1）纸质材料。

如图5-3（a）所示，纸质材料是较常用的材料，它具有很好的可塑性和易于加工的特性，是立体构成的理想材料。

① 半立体结构：在一张10cm×10cm的正方形卡纸的中间切割一条直线，方向自定。围绕切口，在其周围用圆规、直尺等工具画线，按照直、曲、斜、弧等形式在四周及两边均衡的位置进行设计。然后用美工刀的刀背在线条上划线，但不能划透，压折成各种凹凸造型。

② 立体结构：通过切割、折曲、粘贴、穿插纸张或纸板，来塑造立体形态，如球体、各种多面体、抽象的空间造型等。

（2）泡塑材料。

如图5-3（b）所示，泡塑材料因为其自重轻、易加工等特点，被广泛应用。

① 切割：对于一整块的泡沫，可以进行整体地切割或雕刻，工具主要是美工刀或者锯条，最后用砂纸打磨成型。

② 组合：对于复杂造型的形体，可以先用小块泡沫进行组合，用铁丝或胶带暂时固定，待大的效果完成后，再用胶水进行永久固定。

（3）线绳材料。

如图5-3（c）所示，线绳材料主要指各种丝线或线形的纤维材料，也包括铁丝。

① 抽丝：对于编结的丝线，可以通过抽去一部分线，做成飘逸的"流苏"效果，进而可以创造出更为丰富的造型，如服饰、棉麻、帘幕等。

② 编织：可以通过织针或其他工具进行编织处理，做成半立体浮雕或装饰图案。

③ 缠绕：在已固定的骨架上，用丝线缠绕，做出肌理效果。铁丝可以直接进行缠绕创造出变化丰富的造型。

（4）泥石材料。

如图5-3（d）所示，泥石材料通常体现作品本身的厚重和体量感，立体构成中常用到两种材料：油泥和石膏。

① 油泥雕塑（又称泥塑）：按照设计构思，先用铁丝做出基本的骨架，然后用油泥进行塑形和填充，最后可进行喷漆处理。

② 石膏：按照设计构思，先制作好模具，将石膏粉与水按一定的比例搅拌均匀，注入模具之中，待干燥成型后脱模，最后进行塑形，也可以进行喷漆处理。

（5）废旧材料。

如图5-3（e）所示，废旧材料主要指现代社会中的各种垃圾材料，可以通过组合不同物品来创造出复杂、离奇、前卫的艺术效果，如体现工业化、积极向上、颓废消极等不同的形式，但应注意：设计的前提是要符合艺术性及人的正常感受。

（注：由于金属和玻璃材料加工困难，施工危险及所需存放场所较大，所以不建议采用。）

(6) 材料的美化。

如图 5-3 (f) 所示，材料的美化是立体构成作品在展示前，应当进行的附加工作，包括抛光、上色等。

① 抛光：对于木料、泡沫、金属和石膏材料，在作品完成前可用砂纸来打磨。步骤是先用粗砂纸，后用细砂纸，逐渐打磨出光滑的表面。

② 上色：有些立体构成作品根据需要会上色处理。一般常用的颜料主要有水粉颜料、丙烯颜料、油画颜料等，可以通过刷涂和喷漆来上色。其中，喷漆上色效果最好，除可以选择任意颜色的喷漆产品，防止产生色差、便于喷雾，最重要的是喷漆上色更为均匀。

(a) 纸质材料

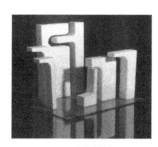
(b) 泡塑材料

(c) 线绳材料

【立体构成的材料加工方法】

(d) 泥石材料

(e) 废旧材料

(f) 材料的美化

图 5-3 立体构成的材料加工方法

5.2.2 不同形态的立体构成

1. 线材

线材不仅指棉线、丝线，还包括铁丝、PVC 管、木条等线形材料。线材受力与其结构的重心有关，线材的长度与所能承受的力有很大关系，线材的强度与其截面形状有关，截面面积越大，线材强度越大，但同时表达流动性的能力就较差，如木条。线材本身具有很强的曲度和动感，当使用适当的材料如铁丝、PVC 软管处理立体构成作品，就可以发展出线材特有的流动性特质，这是其他材料形式所不具备的。当线材以同样的排列手法在空间中组织位置，形成成组的线材阵列，这种一致性会表现为面材的特点。

2. 面材

一张 A4 纸没有足够的力量承受自重，当两端支撑时，纸张中间会下沉，但如果在其跨度方向将纸折成一组连续的面时，所提供的强度竟可承受100倍于自身的荷载。如果在两端横向加固后，承载能力将更强。

（1）面化的体：当面材以同样或类似的手法在空间中排列，这种一致性会表现为体的直观感受。

（2）折板构造：面材按照一定的折叠规律有序地组合可形成折板构造，加强荷载强度。

（3）插接构造：相同或相似的面材构件彼此插接，形成互有角度的三维肌理。

（4）薄壳构造：将面材通过加热或扭曲等手法处理成弧形曲面，可形成薄壳构造形态。

3. 体块

体块是平面沿其垂线方向进行运动的轨迹。体块的立体构成可以由以下几个方面构成。

（1）体块的变形（图5-4）。

通过基本形体拉伸、压缩、扭曲等变化构成新的形体。

（2）体块的分割（图5-5）。

通过分割、削减体块来留出空间，从而构成新的形体。

图5-4 体块的变形

图5-5 体块的分割

（3）积聚。

在包豪斯时期，格罗皮乌斯设计了高度通用的长方体建筑模块，他将该设计制定为标准化的、可变的"建筑构件"，可以组装成不同的"居住机器"，他称这一理念为"大尺度的积木"。如图5-6所示，包豪斯设计学院校舍的建筑设计方案是一个积聚的长方体群体的组合。如图5-7所示，包豪斯设计学院校舍根据体块的积聚重新组织而成，可以看出通过原本规则的长方体分解重组得到了该建筑方案的模型。

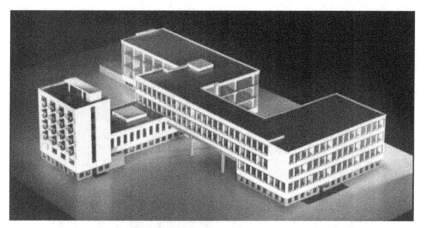

图 5-6　包豪斯设计学院校舍

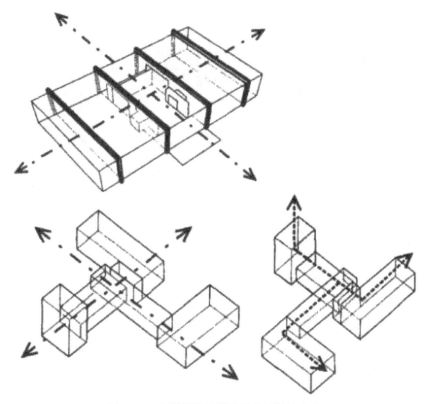

图 5-7　包豪斯设计学院校舍的设计方案

（4）面化的体。

将平面看成一块可以拉伸或压缩的面，在面上作用一个向上或向下的力拉伸或压缩体块，就能直接地形成体元素。在进行立体构成设计时可以考虑将元素都看成是可相互转化的，如点的重复形成虚线，虚线相连形成直线，线的大量平行重复形成面，面的拉伸和压缩形成体，彼此互通，容易找到彼此的共同点与联系，也能恰当地处理共存时的构成关系。如图 5-8 和图 5-9 所示，为立体构成中元素的转化。

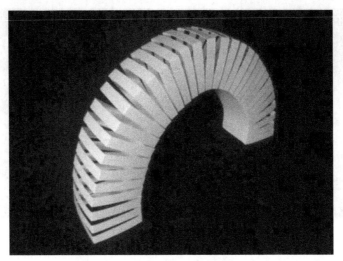

图 5-8 立体构成中元素的转化（一）

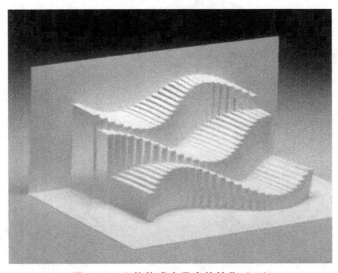

图 5-9 立体构成中元素的转化（二）

5.3 立体构成的材料与工具

5.3.1 立体构成的材料

根据立体构成的需要，可选择符合要求的各种材料，如块体材料可选择石膏、陶土、木材、泡沫、塑料等；线材可选择金属管、铁丝、火柴棍、吸管、丝线、方便筷子、PVC管等；板材可选择金属板、纸板、塑料板、有机玻璃板等。除此以外，还可根据立体构成的构成主题和视线重点，以及各角度的画面平衡等要求不同，加入其他现代材料，如瓶盖、铁皮、厚纸板、毛玻璃等。

5.3.2 立体构成的工具

立体构成中使用的主要工具有：壁纸刀、剪刀、钢锯、直尺、钳子、铅笔、502胶、胶带、图钉等。

5.4 建筑设计中的立体构成手法

建筑学是现代设计教育的重要组成部分，无论在历史上还是在当代建筑中，都给世人留下了深刻的印象。在建筑历史的长河中写下光辉篇章的建筑设计，无一不是在形象上能够给人印象深刻的，建筑学或者说建筑设计学不等于建筑工程、建筑施工等操作环节，与这些专业相比，建筑设计更讲求设计的美感和形态的个性化。

多数建筑师的建筑造型能力是阅历、经验和教育培养的结果。而专业教育的培养就包括立体构成能力的培养。就像设计一幅平面广告，或者用陶土捏出一个泥塑，建筑师利用专业知识设计一种类似雕塑般令人耳目一新的建筑造型，多数时候源自立体构成的雏形。

5.4.1 建筑群的立体构成构思

城市中有时需要超大规模的建筑，如商业街和大量的城市综合体、建筑群等形式。建筑师扎哈·哈迪德设计的望京SOHO（图5-10），建筑群由体量不同但造型雷同的弧形建筑单体组成，体现了建筑师在处理建筑群体造型时，大胆地运用母题重复手法，形成磅礴大气而又柔美的建筑群造型。

【望京SOHO】

图5-10 建筑造型的雕塑性构思（望京SOHO）

5.4.2 虚实对比与结合

立体形态可以分为两类：一类是实体，可以产生真实的体积感，如石头、木材等自然形体；另一类是虚体，可以产生空间感，如建筑内部、器皿内部等。

实体与虚体之间相互依存、相互衬托、不可分割，这也是建筑设计分为实空间设计与虚空间设计的原因。建筑脱离虚空间就缺失了使用性，脱离了实空间又很难确定空间的位置和边界，因此两者缺一不可。在立体构成中应着重协调虚实空间的融合与整体组织，如图 5-11 所示，为建筑设计中的虚实对比。

【建筑设计中的虚实对比】

图 5-11　建筑设计中的虚实对比

5.4.3　多元素之间的关系

本章列举出一系列立体构成的设计手法，通常设计师在设计时，不会只用一种手法。例如，施罗德住宅（图 5-12）以立体构成体系为设计概念和主要元素，立面表现为建筑的多元素组合构成。设计师在设计时会运用多种元素，在运用时应注意各种元素的和谐、统一。例如，在一个立体构成设计中如需采用多种形体元素，各元素之间的肌理和材质应尽量统一，或者颜色应尽量相近，才显得协调统一。

【施罗德住宅】

图 5-12　施罗德住宅

5.5 设计任务

5.5.1 单元立体构成设计任务书

任务要求：按照立体构成的成型方法进行立体构成设计，并恰当地运用平面构成和色彩构成的手段。设计师在设计过程中需考虑材料选择、材料的连接方式、实体设计方式、空间处理手法、排列韵律等方面内容，设计时尽量运用同类材料和相关的立体构成成型方法；设计主题明确，表达精准，并附详细说明。

选材及规模：选取线、面、块材其中一种元素作为主要设计材料，体量为 $0.5m^3$，基底不计算面积。

5.5.2 复合立体构成设计任务书

任务要求：按照立体构成的成型方法进行复合立体构成设计，以 5~6 人为一个小组进行，恰当地运用平面构成和色彩构成的手段。各小组在设计过程中需考虑材料选择、实体设计方式、空间处理手法，突出主要空间，合理运用材料，搭建立体构成的模型。各小组将设计构思、表达方式、选材及搭建方式等相关信息制作成演示文稿进行汇报，文稿应逻辑明确，便于施工，表达精准，附详细说明。每组汇报时间 10min，形式自定。

选材及规模：可以将线、面、块材进行综合应用，材料不限；体量小于 $0.5m^3$。

5.5.3 综合作业赏析

立体构成作品范例如图 5-13 所示。

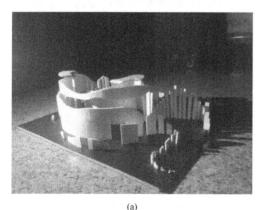

(a)

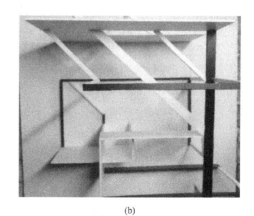

(b)

图5-13(a)的作品灵感来源于水中漩涡的高低韵律。作品利用光在其间穿梭形成多变的光影效果，形成独特的空间感受，好像一篇属于光影的乐章。作品以圆形为主题，向外发散时体量逐渐降低，并采用错位、移位、呼应等手法，让空间更有流动性，整体感更强。

图5-13(b)的作品采用垂直手法，用线和面交叉形成了规整的矩形框架，同时设计一组平行的 45° 线叠加其中，既有规律又有变化。黑色和白色的恰当位置突出了主次关系对比。整个作品虽简约却不空洞，富有设计感。

图 5-13 立体构成作品范例

建筑设计基础

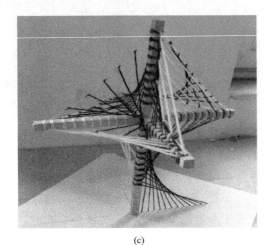

(c)

(d)

图5-13(c)的作品重点表达线材的韧性与力量感。棉线的质地虽软，但也富有个性，黑白棉线与十字架骨架相连，将空间调动起来，发散的线条仿佛要冲破束缚。

图5-13(d)的作品以小木板为单位元素，形成倾斜矩形框架，彼此聚积、穿插、叠加，且方向相同，体现出较强的秩序性。交错排列的空心几何块体形成韵律感，给人视觉上的冲击。

(e)

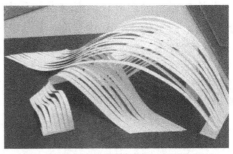

(f)

图5-13(e)为优秀作品，是在较大的空间内完成的线材立体构成作品。作为结构的骨架和作为主材的细线同样采用白色，在作品中融为一体，共同为空间服务。通过轻盈的线元素，配合稳定的结构骨架，既让本来纤弱的线变得柔韧、有张力，又让呆板无趣的结构变得灵活、有动感。

图5-13(f)作品的概念源于正方形的拆解，利用正方形的正交轴的扭转，与底板形成了45°角，利用线条的宽度，升起高低错落的高度，形成多个直角三棱柱空间，彼此之间相互对应，互有关联且错落有致，形成了骨架清晰、构成明确的模型。

图 5-13　立体构成作品范例（续）

本章小结

本章主要讲述立体构成的相关理论、设计方法并进行立体构成设计。通过本章学习，学生能够了解空间创造的主要手法，掌握空间中几何形体的构成形式，反复推敲形成比较成熟的立体构成设计作品。通过模型的制作，逐步掌握立体构成手法，增强学生的建筑设计基础能力。

习 题

1. 设计训练

（1）选择点、线、面、体四种元素之一，尝试设计单一元素的立体构成模型。

（2）限定利用纸张、木材或棉线等简单材料，设计单一材料的立体构成，重点突出材料的肌理表达和立体构成作品的光影关系。

2. 思考题

（1）思考空间的流通性和空间性格在建筑中的体现。

（2）思考立体构成设计在建筑实例中如何表达。

第6章 空间生成

教学目标

本章主要讲述空间的概念、生成、创造方法、设计方法等内容。通过本章学习,应达到以下教学目标。

(1) 理解空间的概念,了解空间的生成和立体构成的差别。

(2) 熟悉空间的创造方法和空间要素。

(3) 掌握简单的空间设计方法。

思维导图

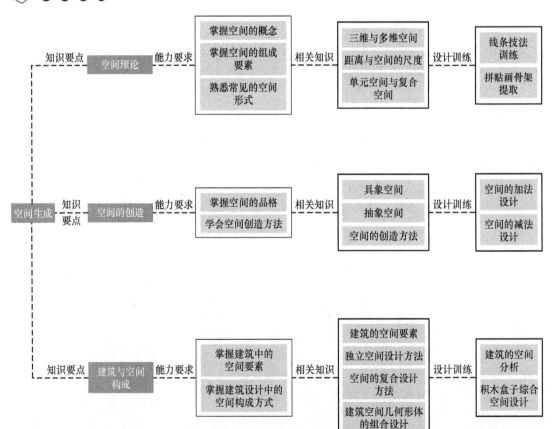

引言

《现代汉语词典》中对"空间"的定义是:"物质存在的一种客观形式,由长度、宽度和高度表现出来"。

我们对建筑空间的认识来自建筑物的构件、围护结构,甚至是建筑物的表皮肌理,这些建筑元素能够创造空间,但却不是空间本身。空间是什么?空间是围护结构之中的虚拟部分,是建筑表皮肌理背后的使用范围,是充斥着空气的这部分三维体积。如同用墙可以围起房间、纸板可以围合成盒子一样,空间的形成有不同形式,这就是空间的设计方法。

空间给我们带来的不仅是场所,更多的是感受;不仅是体积,更重要的是体验。

我们对空间的体验必然就是这样:从一种原始感觉中产生,然后基于对现实的构建,形成对真实世界的反映。空间的体验是一种精神的构筑,是对外部世界的一种投影,是一种思想。

6.1 空间理论

6.1.1 空间理论

"埏埴以为器,当其无,有器之用。凿户牖以为室,当其无,有室之用。故有之以为利,无之以为用。"

——《道德经》

老子在《道德经》中用质朴的类比说出了建筑空间的精髓所在:揉和陶土做成器皿,有了器皿中空的地方,才有器皿的作用。开凿门窗建造房屋,有了门窗四壁内的空虚部分,才有房屋的作用。所以,"有"会给人便利,"无"能发挥它的作用。在这里,"有"即是墙、柱子、天花板、楼板等建筑要素,是可以利用的部分,是建筑的实体要素;"无"也就是我们所熟知的"空间",是建筑中真正使用的部分,是建筑的虚空间,也是建筑的灵魂。

建筑之所以被称为建筑,归因于建筑能够提供人类活动的场所,也就是提供空间。而空间是为人服务的,也就是说,人才是建筑服务的主旨。或者说,人的行为活动才是建筑的灵魂所在。所以建筑师的设计目的始终是以提供人类活动空间为最高标准的。当然,一些建筑类型不以提供内部空间为目标,如古塔、纪念碑,这类建筑虽不围合一定的内部空间,但它们仍在外部控制了一定的空间范围,这种控制可以称之为"限定",是另外一种空间设计手法,也同样提供人类活动的场所。

6.1.2 "维"度体验

"维"是人们把握和展望空间的层次,是几何学及空间理论的基本概念。

一维空间是构成空间的每一个因素,即为点。

二维空间是平面的横截或一维空间的连续,即为线。

三维空间是静态空间或常态空间,是由三个坐标决定的点的位置。客观存在的现实空间就是三维空间，具有长、宽、高三种度量。

四维空间是动态空间和相对论中的时空概念。

五维空间是心理时空。

多维空间是将人、人的心理、人的视觉和人的审美及人的情趣等诸多因素考虑到空间的创造中去。

6.1.3 空间要素

与线条、平面一样，不同的空间也具有与生俱来的特定性格，这些性格是建筑空间给使用者带来的固有感受，如低矮的天花板会给人压抑的感受、宽敞开阔的空间使人心情舒展、蜿蜒的空间带来一步一景的新奇观感，等等。

1. 距离

在研究被圈养的动物中，海德格尔首先鉴别出两个很重要的距离，这两个距离就限定了所谓"逃离与对抗"这个作用的过程。而人类也拥有类似的距离感受。人与人之间拥有这种"逃离与对抗"距离，也是人类对于距离的基本认知。除此以外，人类会在心理层面确定一个安全距离、社交距离、群体距离、共存距离及仿佛置身两个空间的无关距离。

2. 人类距离空间

研究表明，0.5m 以内是人类普遍认为的亲密距离，如咖啡厅里的最小圆桌的距离、办公楼里小型会谈室的沙发座位之间的距离、酒吧里相邻高脚凳之间的距离等，都参考了这个亲密距离而设计；1.2m 被认为是个人距离，也就是与陌生人之间最小的距离；完成社交的距离往往在 4m 左右，被称为社交距离，也是适宜交易的场合尺度；超过 4m 的距离被称为公共距离，也就是正式场合或公众场所距离，也是人类可忽略彼此的最大距离，如火车站虽然人员密集，但人与人仍然尽量保持着这个距离。

这是被人们最普遍认同的人类空间距离分类法。亲密距离、个人距离、社交距离和公共距离都有它们的用处和特征。在这个范畴内，空间设计的挑战在于促进而不是抑制适合社交的空间行为。

3. 空间的尺度

巴黎歌剧院（图 6-1）为超大尺度提供了极好的范例。在这里，所有与人有直接关联的空间部分都设计为超大尺寸。从地板到顶棚的高度，入口、窗户和楼梯都设计得特别宽敞。甚至走入这栋建筑的人都会穿着比平时更占空间的衣着，比如戴巨大的假发、穿有衬垫的衣服等。巴黎歌剧院内的空间不是仅为人们从其中通过而建的，而是让人在里面观赏、感受；它让特定的人在特别的背景下有明确的社会角色和地位。剧院本身也作为一种艺术形式，它所创造的夸张氛围代表着富有和荣誉，在今天仍然被沿用。

然而，尺寸并不完全等同于尺度。宫廷和贵族府邸通过巨型的建筑尺寸体现身份与地位，而有些教堂建筑虽然在门窗等细部处理中采用大尺寸，但为了表现建筑的宗教感、营造空间的高耸，在建筑中利用细部与整体的对比而产生的错觉，从而营造夸张的宗教空间尺度感。勒·柯布西耶设计的朗香教堂（图 6-2），本身的尺寸并不高大，但该教堂用常

图 6-1 巴黎歌剧院

规尺寸的开窗安置在厚重且留白的墙面上，就显得窗口本身小巧而灵动，同时将整个墙面的尺寸衬托得异常夸大。

图 6-2 朗香教堂

6.1.4 常见空间形式

1. 单元空间

单元空间是最简单、最基本的围合或限定一个空的部分，如果用形态表述单元空间的话，正方体就是一个非常明确的单元空间。它简洁、抽象，就如平面构成中的单元形状——正方形，只不过正方体是三维的，有距离感和空间感。圆柱体、锥体等也可称为单元空间。单元空间不需理解成某个具体的形态，它应该理解为一种对象场所，如一间房间、一个角落、一个窗台、一件雕塑、一个杯子等，它们都是单一的、具体的，不与其他物体和空间产生影响，可以独立塑造自我形象，这些都称为单元空间。像宿舍楼的每一个房间都是一个单元空间，而宿舍楼就是一个单元空间的重复叠加。

在处理单元空间时，要考虑单元空间自身的规律、结构，以及它的前后关系、疏密关系、虚实关系、大小关系。这样才能使单一、呆板的空间通过有机的组合后，相辅相成而构成美好的空间。

2. 复合空间

复合空间与单元空间相对，是两个以上单元空间的复合体，也是多种空间形式合成的复杂空间。例如，校园建筑中的教学楼，建筑单体内有教室、办公室、卫生间等小空间，也有大厅、走廊等多种空间。又如上海金茂君悦大酒店的内庭（图6-3），直径27米，环绕四周的是大小不等、风格各异的548间客房和各式中西餐厅。中庭大空间处在多层小空间的包围之中，客房小空间又包含在建筑大空间之内，形成一个不定的空间和流通空间。"不定"体现在建筑室内，又是客房室外，"流通"体现在中庭的竖向空间流通，这种空间形式往往给人谜一般的感受。环廊扶手在霓虹灯的照射下，金光闪闪，所以被建筑师、科学家、文学家誉为"金色的年轮""时空隧道"。

【上海金茂君悦大酒店的内庭】

图6-3　上海金茂君悦大酒店的内庭

3. 共享空间

共享空间也就是多功能公共空间，由美国著名建筑师约翰·波特曼首创，在各国享有盛誉。共享空间从空间处理上赋予空间新的内涵，它是一个运用多种处理手法的综合体系。共享空间在空间处理上，大中有小，小中有大，外中有内，内中有外，相互穿插，融合各种空间及形态，动静、明暗相结合，形成具有动感的多样变化的空间形态。在室内，用玻璃作为墙的隔断，这样就可以把玻璃另外一边的空间与这边共享。共享空间寻求的是一种视觉、心理的美感。大尺度的共享空间处理中，适当地加入室外常见植物和雕塑，使室内环境室外化，结合线条硬朗的立面设计，便可以创造人在室内，而仿佛身处室外的错觉。如图6-4所示，美国亚特兰大威斯汀桃树广场酒店的内部空间极具不确定性。

4. 延展空间

与复合空间以单元空间为中心向外附加不同，延展空间是相同单元空间纵向、横向的发展与重复。如图6-5所示，2000年德国汉诺威世博会场地内的巨大木伞，就是延展空间设计的一项大工程。由托马斯·赫尔佐格设计的这一组巨大的构筑物，由10个平面尺度达到40m×40m、高度超过20m的单体组成，在世博会公开展出期间成为音乐演出、艺术展示及

图 6-4　美国亚特兰大威斯汀桃树广场酒店

各种公开表演的室外临时场馆，在天气发生变化时还可以为观众提供遮挡。每个伞下部覆盖的就是一个单元空间，是建筑单体的一种延续。这种不稳定、运动和变化的观察方式，极具吸引力，并且经常出人意料地变化空间的方向，造成观赏者情绪上的变化。作为延展式的空间造型，单元形态越简洁，组合形式就越丰富。延展空间不管是空间形式还是空间造型，可以是静态、动态的，也可以随机组合，还可以形成多元观察，它涵盖的形式比前三种空间形式更宽、更广，带来的创作灵感更多，让人联想得更远，更具亲和力、沟通性和诱导性。

【2000年德国汉诺威世博会大屋顶】

图 6-5　2000 年德国汉诺威世博会场地大屋顶

6.2　空间的品格

6.2.1　具象空间

具象空间包括以下五类。

1. 围闭空间

围闭空间具有内向性。其空间被封闭起来，隔离性强、领域性强、边界明确、私密性强，但流动性较差。在室内设计中的卧室空间设计、服装店的试衣间设计、展会中的洽谈室设计，常会恰如其分地运用此手段。这种围闭性的空间会让人感到安全、温馨，有时也会吸引人们产生好奇心，想要一探究竟。往往在设计中巧妙地运用此空间关系会得到更大的关注度，如在卧室里通过围帘营造出一个较小的围闭空间，营造出温馨氛围。

2. 开敞空间

开敞空间的界定是外向性的，它很少或几乎没有明确和完全的隔断，仅是运用象征性的形体提示，从心理方面来构筑空间感。开敞的空间连通性好、流动性强、沟通顺畅，易于视觉、声像的传播。如职员办公空间设计，常在隔与不隔之间寻找管理的可执行性。商场开放的空间易于人流的穿行和得到广阔的视线。这样的空间设计多用立柱、悬吊、半隔的方法来处理。

3. 渗透空间

围闭空间与开敞空间都过于极端，渗透空间实际是一种用于调和它们之间矛盾的手段，是集围闭和开敞的优势于一体的空间形式。从技术的角度上讲，渗透空间的界定有利于光照共享、声音传递以及空间通风。还可以使造型、色彩、光线以互相透叠的方式产生特殊效果。比如苏州园林中的花窗，就是把不同空间中的景色透叠在一起，给人们一种神秘，且想一探究竟的心理感受。"透"与"不透"是指在某个方向上视觉和光线是否有阻挡。在处理渗透空间的时候，常采用透明或半透明材料，这类材料分隔空间时，可以让人在不能通过的状态下，实现"透视"和"透光"，取得丰富的层次效果，隔而不断，意境相连。

4. 影像空间

空间中不以物体的置入来体现空间的界限，而是通过镜面、不锈钢、水面等材料进行镜面反射，或者通过仿真效果的图片及投影机投射出的虚拟空间来塑造空间关系。

5. 弹性空间

弹性空间是指在空间处理前就预留出可拓展的空间以备容量的变化。舞台设计中的移动舞台就是运用弹性空间做到空间变化的。一些特殊介质本身是动态的，像激光、烟雾等间隔性不强，但是很灵活，可以大幅度地改变观众的视觉空间。

6.2.2 抽象空间

一般情况下，空间对于建筑实体来说，都显得太过抽象，主要原因是空间不可见，但人对于创造空间的边界和介质可以有明确的认知。通过围合或限定空间，人眼就可以分辨空间的具体形象了。空间虽然是抽象的，但我们可以通过以下几个方面来认识它。

1. 辩证空间

空间的概念可用本书第93页提到的《道德经》中的这段话概括，它简明扼要地反映了空间的实质。

捏土造器，其器的本质不再是土，而是当中产生的空间；反之，当器破碎，空间消失，其碎片又还原为土的本质。郊游时，摊开餐布，大家围坐在一起，聊天、用餐，餐布以上在大自然中就形成独立的空间；一旦大家离开并收起餐布，独立的空间就消失了。"有"与"无"的空间在展示设计中运用较多。这种空间样式的优势在于它的不定性、变幻性和方便性。如：在展览现场，拦一小段绳子就能把不同性质的展位区分开。甚至一把椅子、一段悬垂的幕布、一个凹进的区域就能让人感受到一个特定空间的存在。

2. 积极、消极空间

一张写了毛笔字的白纸，黑色的字自然是纸面空间的主体，而剩下的空白，是作为主体字的背景而存在的。这张简单的纸向人们呈现了这样一种空间关系：积极空间和消极空间。毛笔字就是积极空间，是我们刻意为之的，而剩余的背景空间就是消极空间，它是被动的，属于从属地位的。但是这两者互以对方的存在为前提，当字大到极致，字的笔画占有面积远大于纸张的空隙面积时，字的颜色也就成了纸的颜色，此时，图底关系也就互换了。

就像字离不开纸一样，建筑也离不开承载它的环境空间。在地球的自然环境中，建筑本身被看作是主体空间，而被建筑占领后剩余的环境空间变成了建筑的背景。在设计时，不应只考虑建筑这个主体空间，应把它和周围的环境结合起来考虑。除了建筑和周围的环境，在一栋建筑内部也同样如此。墙体、门窗是主体空间，被它们划分出来的空的部分，看似白纸一样的背景，然而空的部分才是供人们使用的场所，是建筑师在设计中最重要的部分。优秀的设计师决不会只关注积极空间而无视消极空间的存在，只有把两者结合在一起才能设计出更实用、更美观的空间。

设计建筑时一定要关注消极空间。例如，设计单人间的时候，如不加以考虑家具之间的空间设计，这些消极空间有时根本不能使用；又如设计教学楼的时候，绝不是计算一个空间范围，把教室、办公室布置进去即可，这些房间彼此之间是什么样的位置关系，它们之间的空间也很重要，例如走廊、中庭、会议室，甚至是卫生间，它们的使用频率不低于教室、办公室这些积极空间，在设计教学楼时应该统筹考虑。

3. 功能、结构空间

建筑空间从另一角度看，其实也是容器。它不仅容纳物和人，而且为人的活动提供了必要的空间，不同的物品需要不同的容器来盛放。不同的功能要求形成不同的空间尺度、形状和结构；反之，不同的空间尺度、形状和结构适应不同的功能需求。结构空间依据建筑技术、材料与不同使用功能分为框架结构、网架结构、悬挂结构和悬索结构等来满足量、质、形的规定性功能需求。

4. 动态空间（四维空间）

行走街道，穿梭小巷，游走于城市或乡村，视线随着脚步的移动而发生变化。由于空间形态的变化、转换，人们从印象中把时间和空间叠合形成一个完整、真实的空间形象。意大利建筑评论家布鲁诺·赛维在《建筑空间论》中强调用"时间与空间"的观点去观察空间，不论是在公园游玩，还是在展场徘徊，都会从一个地点到另一个地点，才能形成对这个空间总的感知。空间并不是一个视点中静态的视野。空间的刺激是保持着时差相继延展的,其印象要用时间来形成。也就是说,空间的感知是运动性的,是人在不断运动中,感受到上下左右物体的远近、大小、多少、肌理等要素合成的总体印象。从某种意义上来说,空间是人在不同瞬间的感受总和。如图 6-6 所示,苏州园林空间处理中常贯穿这种手法,令人们在游园途中步移景异,感受时空的变换。

【苏州园林】

图 6-6　苏州园林

5. 心理空间：五维空间

站在"一览众山小"的泰山山顶,俯瞰万物的喜悦之情会油然而生;走在动荡的铁索桥上,听到大渡河奔腾的歌声,看到滚滚而下的河水,双脚会忍不住颤抖得不敢移动。不同的空间场所让人产生不同的心理感受:长长的走廊给人纵深之感;哥特式教堂给人一种崇高、威严之感;一望无际的草原给人天地宽广之感。这是物体和空间作用于人的知觉和经验所引起的心理反应,这类空间称为"心理空间"。在安藤忠雄设计的光之教堂（图 6-7）中,虽然尺度较小,但光的介入能够直接提供给使用者神圣的、震撼的空间心理感受。

图 6-7　光之教堂

6.2.3　空间的性格

每一个空间都有自己的个性和独特的性格魅力。空间的性格是人从生理和心理上对于空间的反应,然后将这种反应反过来赋予空间,它是空间的人格化。任何一个点、线、面、体构成的空间,由于材料不同、形状不同、造型不同、色彩不同,以及这些要素彼此关联、相互影响,就产生了不同性格的空间。再加上民族风俗、宗教信仰、文学艺术、政治经济都会影响空间的性格。随着时代发展、社会发展,空间的性格又被赋予新的特征和内涵。

1. 亲密感与私密性

人们有时候需要进行亲密的交流,比如表演艺术和展示艺术中的岛式或半岛式舞台,以此来拉近表演者和观众之间的距离,仿佛表演者就在观众中间,增加观众的亲切感与参与感。而人们有时候又需要一个不被外人所打扰的私密性空间,如只能容纳一人阅读的私密空间(图6-8)。例如,住宅设计时,会把书房安排在受干扰较少的区域,使得它具有安全感、安静感、私密性。

2. 神秘感

具有神秘感的空间最能激发人们的好奇心。商业空间中常出现在特殊展览空间和一些专卖店,为了让有猎奇心态的参观者透过表象去弄清楚事物的本来面目,或者通过灯光、材质的设置引发消费者的好奇心,诱导他们进入商业空间,设计师会运用灯光、色彩,甚至音乐等元素的整体配合营造空间。图6-9所示的商业展示空间并不大,但可采用黑色及棕色的材质,以及低亮度、单色光进行表现,营造神秘感。

图6-8 阅读的私密空间

图6-9 神秘的商业空间

3. 极简性

极简性空间简洁而不简单、不粗糙,质朴而不无聊、不空泛,经得起细细品味和推敲,代表着现代的建筑技术水平和艺术上的高雅追求,简练中蕴含着无穷的回味。空间中可有可无的装饰都被去掉,留下必不可少的内容。如图6-10所示,巴塞罗那世博会德国馆是极简性的代表建筑,将"少即是多"发挥到极致。

【巴塞罗那世博会德国馆】

图 6-10　巴塞罗那世博会德国馆

4．不定性

不定性空间具有无拘无束的构思，在空间中表现为：体积的不定、空间边缘的不定，空间组合叠加交错、穿插变换、模糊不清。不定性表现在既"围"又"透"，既"有"又"无"，既"内"又"外"，徘徊在"似"与"不似"之间。中国传统建筑中的门窗棂花之间，透出层层丰富的不规则的空间关系，让人体验到不定性空间耐人寻味的意境。西方建筑受到近代美学观点的影响，广泛应用抽象造型表达形体的不确定性。在建筑中利用可移动构件自由分隔组合空间，这些不定性元素让空间有了形态各异的可能性。法国的蓬皮杜文化中心展厅可以根据展览主题和面积的需要更换隔墙、展板，改变成新的布局。位于柏林的德国国家美术馆新馆室内（图 6-11），除了必要的结构支撑外，几乎在平面上没有任何的墙体或隔断构件，通透的大空间里可以根据每次参展内容进行相应的规划和安排。

图 6-11　德国国家美术馆新馆室内

5．冥思性

从某种角度看，一部欧洲建筑史就是一部教堂建筑的发展史。圣索菲亚大教堂、科隆主教堂、巴黎圣母院、圣马可大教堂等构成了欧洲建筑史的重要因素，哥特式教堂的天堂趋向性，使得建筑主体的高度一次次刷新着建筑的高度纪录。然而，教堂的设计在近现代建筑中的实践，并不逊色于其在西方古代建筑历史中的价值，从朗香教堂、水晶教堂、千禧教堂到光之教堂、水之教堂，将"精神空间"——冥想空间的语义表现得更为明显。现代教堂以独特的空间感受渲染宗教氛围，用结构张力、奇异造型、材料及质感制造出宗教精神和神秘感。

在现代教堂设计中，原有的宗教色彩正在逐渐淡化。教堂象征"神"的世界和人的世界的联系，在古典样式中反复强调的这种联系在当代已经越来越弱。如罗马万神庙中从圆洞射入的柔和阳光洒落在穹顶上，而在朗香教堂的设计中，被墙体与屋顶之间如同灵光般的"一线天"代替，这是现代主义建筑的抽象表达。由于建筑大师对于宗教的独特理解，教堂的设计通过各种不同的手法窥探宗教的精神内涵，把古典主义中充满苦难、悲剧色彩的基督、圣母像单纯化、简化，许多形象以平面化、装饰化的手法进行处理，再创造出适合现代审美的冥思空间。如图6-12所示，德国鲍姆舒伦韦格火葬场也是冥想空间在新时代下的又一种表达。

图6-12　德国鲍姆舒伦韦格火葬场

6.3　空间创造方法

空间限定的形式主要有：围合、限定、天覆、地载、分隔和连接。

6.3.1　围合

围合（图6-13）是人们对空间竖向界面的限定，也是设计师最常用的一种限定空间的手法，因处在最佳的视线范围内，围合也是最易被感知的一种空间设计手法。当人们走进一间房间,即使是最普通的六面体空间,也会首先感知来自四周墙面的围合力量,其次才是天花板和地面的空间限制作用。空间设计手法通常有倾斜、夹持、合抱等。

倾斜的建筑或构件能够轻易地获得其悬挑部分的方向感如图6-13(a)所示,西班牙马德里市欧洲之门大楼,两栋倾斜的大楼创造了体量上的呼应和彼此之间空间的简单围合。

彼此夹持的建筑能够凸显彼此之间的空间,如图6-13(b)所示,合肥市政府大楼,两栋建筑之间的前侧入口空间成了建筑中最重要的空间。

合抱通常体现在两栋及以上的建筑组合中,如图6-13(c)所示,沈阳市和平区政务服务大楼,合抱的建筑空间更容易突出彼此之间的空间边界。与夹持相比较,合抱体现的空间更加完整。

(a) 西班牙马德里市欧洲之门大楼

(b) 合肥市政府大楼

(c) 沈阳市和平区政务服务大楼

图6-13 围合

6.3.2 限定

1. 点限定

在平面中,通过一个点的建筑物,来限定周围一个大的范围,周围空间被其控制,体现相应的空间氛围,通常在塔或纪念碑建筑中较常见。如图6-14所示,吉林省长白朝鲜族自治县的灵光塔正是点限定的体现,其周围一定的空间均被其限定,形成具有威严、肃穆的空间氛围。

图 6-14 灵光塔

2. 线限定

线限定分为直线限定和曲线限定。

直线限定，线条在建筑设计中时常出现，但在空间的限定中，线的设计并不常见。在少量线的空间生成中，却有非常成功的案例，如图 6-15（a）所示，以色列犹太大屠杀纪念馆，利用基地高差的处理和一条简单的直线展开空间设计，最终完成了一个完整的线型建筑主体空间。建筑形体仿佛从土地中崛起，低矮的室内空间只有狭窄的自然采光，呼应了以色列犹太大屠杀纪念馆的悲剧色彩，是一种得当的做法。

曲线限定，曲线给人的感受是活泼的、灵动的，在限定空间的时候它蜿蜒曲折、娓娓道来的特点，经常给人带来趣味性和无限的自由遐想，如图 6-15（b）所示的美国芝加哥 BP 人行天桥。

【以色列犹太大屠杀纪念馆】

(a) 以色列犹太大屠杀纪念馆　　(b) 美国芝加哥 BP 人行天桥

图 6-15 线限定

3. 区域限定

中国香港九龙戏曲中心（图 6-16）在中庭上部设计的一个红色区域，利用色彩和肌理的变化限定了中庭的空间是视线的重点空间，即红色区域下方是整个大厅的几何中心，暗示其具有较为重要的功能。

【中国香港九龙戏曲中心中庭】

图 6-16 中国香港九龙戏曲中心中庭

6.3.3 天覆

天覆也就是天花板、顶棚。通过空间上部覆盖构件的设计来控制和限定空间范围。通常体现在天花板的设计，如建筑的平屋顶、穹窿顶、斜屋顶等。例如，枫丹白露宫平顶天花板［图 6-17（a）］，强调矩形的长边方向；梵蒂冈圣彼得大教堂的穹窿顶［图 6-17（b）］，通过鼓座开窗射入室内的光线尽显宗教场所的神秘；澳大利亚悉尼的斜坡屋顶住宅［图 6-17（c）］，倾斜的屋顶设计使空间富有变化和趣味性。

(a) 枫丹白露宫平顶天花板　　(b) 梵蒂冈圣彼得大教堂的穹窿顶　　(c) 澳大利亚悉尼的斜坡屋顶住宅

图 6-17 天覆

6.3.4 地载

地载是对底界面的限定。地面的肌理、材质的应用，也会构成空间的领域感。如图 6-18（a）所示，某景观中的地载设计，利用地面高差变化所产生的阶梯化的设计具备较强的高度暗示。再如图 6-18（b）所示，圣母百花大教堂内部地面拼花，外环的白色三角形较大，而内环的较小，利用人的视线习惯使圆环看起来更加有透视感。

6.3.5 分隔

分隔是只在竖直方向上且没有上部封闭元素的设计手法。空间的竖向分隔设计在建筑室内和室外景观设计中比较常见，在一般的功能性建筑中并不常见，如在住宅类设计中竖向分隔的设计手法不能围合空间，使其具有私密性，但在展示空间中，为了增加有效的展示背景，竖向分隔是较常见的手法。如图 6-19 所示，杭州良渚文化艺术中心的竖向隔断提供了多种空间可能性。

【景观中的地载设计】

(a) 某景观中的地载设计　　(b) 圣母百花大教堂内部地面拼花

图 6-18　地载

图 6-19　杭州良渚文化艺术中心

6.3.6　连接

一个建筑的设计过程是十分复杂的，各部分空间和元素之间，几何形体之间有序连接。为了得到层次多变的空间，势必要连接所有必要元素。事实上，多数的建筑设计工作就是要不断地协调各部分功能空间之间的连接关系，在空间相邻的位置处理好空间的明确分隔和彼此间适当的过渡、渗透。

6.4　建筑设计中的空间要素

6.4.1　地（面）

地是对空间的底部界面的限定，表现为地面、水面等下底部分的空间分隔材质。地面的肌理、材质的应用，也会构成空间的领域感。

建筑师通常无须进行"地"的设计，而是通过墙等建筑构件的位置来体现地面的边界。

6.4.2　天（花）

天表现为顶面、顶棚或天花板，也称为天覆。天覆分类有平屋顶、穹窿顶和斜顶等。如古典宫殿中的舞厅天花和教堂建筑中的穹顶，以及近现代博物馆建筑中的倾斜采光屋顶。除此之外，还有错落有致形式的屋顶，如君士坦丁堡的穹窿屋顶和曲折型屋顶等。无论何种屋顶形式，都可以用覆盖面积和造型来创造其下部空间，而其所控制的空间与屋顶的形状有直接关系。

除室内屋顶，天花还体现在许多室外或半室外的建筑构件中，如公交车站的顶棚和建筑入口的遮雨板，都是上部的天花建筑元素在创造和限定下部空间的例子。

6.4.3　壁（垒）与围合

墙壁和壁垒可以分隔、阻隔建筑空间，另外，多个壁作为建筑元素一起出现就形成了最简单的空间创造手段——围合。围合是人们对空间竖向界面的限定。围合是大多数建筑，尤其是建筑室内空间的构成方式，将两面或三面、四面隔断元素作为墙壁，则可以清晰明确地围合一定面积的建筑空间，再结合天花和地面，就形成了封闭的建筑空间。

垒作为具有一定体量感的障碍或屏障，同样可以以体的形态出现，作为建筑空间围合的变异形元素。

多个壁形成一定面积的限度建筑空间，倾斜的壁垒形成倾斜的动态空间，两个平行的墙壁能够形成夹持空间，向内的曲面墙壁可形成合抱空间。多形式的竖向壁垒元素可形成多层次的丰富竖向隔断空间，如迷宫空间。

6.4.4　柱

柱元素本身在建筑设计中多为结构要素，但从形成的空间特点上看，单个柱体容易限定或控制其周围一定范围的空间。空间的范围大小和形式取决于柱子的高度和半径，越高的柱子制约的空间越大，半径越大的柱子表面形成的弧形平面面积越大，其周围可用的环形空间也越大。

多柱子组合排列还可形成线性的柱，进而创造线性空间，行列的柱子与墙壁结合，还可形成柱廊空间，具有更加多的空间层次，这种形式在古希腊神庙中使用广泛。

6.4.5　间

间在建筑元素中表现为单元房间或建筑开间，是特定开间带来的三维空间单元。以间为建筑元素出现的设计，如中国传统建筑北京故宫太和殿的开间（图6-20），就是以单数呈横向排列，形成线性的重复单元空间，彼此间既有间隔，又有紧密联系，从立面看富有整体性，而彼此之间又各有不同功能，中间开间最大，两端是柱廊开间最小。以间为单元的建筑元素能够创造极其丰富多样的建筑形态。如，日本六甲山住宅（图6-21），以立方体为单元重复坐落于山坡上，以间为单位的住宅单元虽彼此不相对位，不甚整齐，但却层叠相依，错落有致。

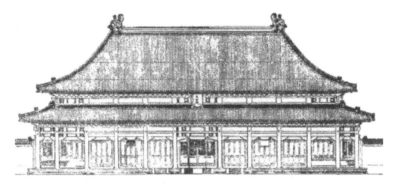

图6-20　北京故宫太和殿

图6-21　日本六甲山住宅

6.5　建筑设计中的空间构成方式

6.5.1　独立几何空间

建筑空间设计可以分为独立空间和几何形体的复合。建筑设计时，单体的独立可烘托出建筑空间尺度更大，形体完整的单体建筑独立设计时易使建筑的视觉形体更加完整。如万神庙内部空间（图6-22），其独立的穹顶空间使它看上去是一个完整的主体，而它的内部更是由于能够容纳一个精准的正球体同样显得十分完整。

图 6-22 万神庙内部空间

6.5.2 几何形体的重复

几何形体的重复通常是单元空间的重复或不同单元空间的叠加。空间的重复组织有益于强化形体特点，如金字塔群重复强调了四棱锥这种几何形体。空间的重复设计更强调建筑形态的普遍性、统一性，如意大利特鲁利民居形态（图 6-23），村落之中大量重复小体量建筑单体，体现了自然的聚落形态，虽有微小差异，但形态雷同、整齐划一，体现了当地民居的地域特色。

图 6-23 意大利特鲁利民居形态

1. 平移

一系列相同或雷同空间在综合组织设计时，适合使用空间的平移来进行重复的空间构成，如幼儿园的各班活动用房和中学的教室用房，通常在平面中，这种同类空间都按照一定的方向和组织原则有序排列。例如，比希尔中心办公楼（图6-24），空间形态上出现同一单元的不断重复，叠落式地组织在一起，形成了一种空间上的有序感。

2. 对称

空间在设计时进行镜像反转，通过对称的手法将普通的重复空间处理得具有主次关系，通常表达重点为对称性，对称轴位置上的建筑主体或入口空间，如索尔克生物医学研究中心（图6-25）。

图6-24　比希尔中心办公楼

图6-25　索尔克生物医学研究中心

3. 旋转

空间组织上的重复往往会按照一定的秩序，有时也按照平面上的布局方向，如弗兰克·劳埃德·赖特设计的普莱斯大厦平面（图6-26），它的空间组织由四个空间部分按照风车状四向旋转排列，形成了平面空间的序列和立面形态上的生动。

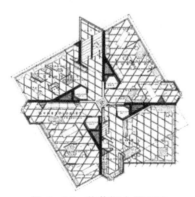
图6-26　普莱斯大厦平面

6.5.3　几何形体的聚合

几何形体的聚合是将若干个几何形体加在一起的过程，为一个"加法"的构成方式。

1. 连接

若干几何形体在建筑平面和立面方向进行聚合，形成形体间的连接关系，时而随机、时而刻意，形态上有时刻板，但整体趣味性较强，如约翰·海杜克设计的海杜克墙宅（WALL HOUSE）（图 6-27）。

图 6-27　海杜克墙宅（WALL HOUSE）

2. 叠加

建筑师在进行空间设计时，经常由于场地受限或形体需要等原因将建筑空间叠加处理，这时需要考虑叠加之后的空间过渡和空间连接等问题的出现，如雷姆·库哈斯设计的法国巴黎达尔雅瓦别墅（图 6-28）在形体上是三部分明显的建筑空间叠加而成，但内部保证了空间的流动性和功能的实用性。

图 6-28　法国巴黎达尔雅瓦别墅

3. 分散

在设计巨型体量的建筑实体时，建筑师应考虑其周边环境和相邻建筑的尺度感，如巴黎拉维莱特公园南入口附近的巴黎音乐博物馆（图 6-29），在拉维莱特公园的分散组织布局和周边低矮建筑的映衬下，此处的音乐博物馆体量不宜过大。该建筑打破了大会堂的轴线，使其与公园的关系也更为自然。两个楼体限定了一个比较宽广的矩形空间，延伸了大会堂的轴线，并且通过远景中的水晶剧院，与公园的动态轴线相融合，从而使东楼、西楼、大会堂、公园以及其中的景观形成了一种逻辑关系。

图6-29 巴黎音乐博物馆

巴黎音乐博物馆的内部空间遵循独特的原则:各个封闭空间共同处于一个通透的大空间,并且由构成室内肌理的光束限定其边界。通道的交叉点或者被玻璃围合或者直接与室外连通。因此,尽管这个项目的建筑密度很高,但光线和景观却无处不在。

巴黎音乐博物馆充满活力,具有流动性,它的建筑形态可以令人在俯瞰城市时形成耳目一新的印象。这是一种恰到好处的排列组合,持续、间断以及趣味性的发现,构成了这个建筑综合体的音乐氛围,叙述了这个建筑综合体的音乐故事。建筑在这里是音乐凝固的艺术。

6.5.4 几何形体的分解

1. 分割

美国国家美术馆扩建(图6-30)设计方案中,对于图中右侧旧美术馆的古典主义和中轴对称设计手法进行了推敲,在图中左侧新馆梯形基地上将完整的建筑形体进行切割,得到了一个等腰三角形和一个直角三角形,整个建筑形体既沿用了旧馆的中轴线,又保持了与基地的契合度。通过三角形玻璃屋面创造了一个共享大厅,使两个三角形紧密共融、隔而不分。整个设计手法简练,一气呵成,空间完整,形式统一。

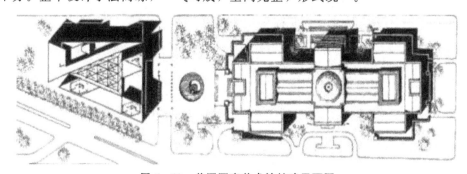

图6-30 美国国家美术馆扩建平面图

2. 穿套

日本建筑师毛纲毅旷为母亲设计的"反住器"住宅（图6-31）就是这样一种穿套的组合实例。设计师在此着意探讨重复的概念，但这个重复不是简单的形体重复，而是采用了盒中之盒的概念，将三个大小不等的立方体，像象牙球一样层层重叠在一起，人就生活在这个小盒子和外面的大盒子之间。

3. 解构

如图6-32所示，德国斯图加特美术馆，在各种几何形体组织设计时，体块出现了分解和重构两个过程，形象地表现出解构主义的不确定性。而另一个解构主义的代表作是西班牙毕尔巴鄂古根海姆博物馆（图6-33），设计师弗兰克·盖里将解构主义表现得淋漓尽致。

图6-31 "反住器"住宅（模型）

图6-32 德国斯图加特美术馆

图6-33 西班牙毕尔巴鄂古根海姆博物馆

6.5.5　几何形体的变形

建筑设计是极其复杂的逻辑过程，其形态往往比设计的简单形体要丰富，内部使用空间更加多样复杂。在早期，为了节约建筑的施工成本，即便是复杂的建筑空间也尽量组织得形体规整，减少结构变化和表皮散热。然而在当代社会中，建筑又增加了满足心理需求和体现社会地位的使命，这就要求建筑的形体有时要刻意丰富，有吸引力，有时要把简单的空间设计成夸张几何形体，如北京的中央电视台总部大楼。

6.6　设计任务

6.6.1　空间生成任务书——积木盒子

任务要求：在有限的三维空间范围内，利用围合、限定、切削和组合等设计手法，进行空间的生成训练，使空间从无到有，从有到优。设计中注意思考主体空间的位置，主次空间的关联性和位置关系，空间设计的手法，以及最后空间的趣味性。要求空间丰富，层次多样，乱中有序。制作模型，采用白色卡板或雪弗板或薄木板等简单材料，进行切割和粘连。尺度规定 30cm×30cm×20cm（个人完成），或 50cm×50cm×35cm（分组完成）。

目的：通过实体模型体会空间的特点、性格、组织和流动性，模型成果具有上下方向，无前后左右方向，思考空间的发生、发展、高潮和收尾，突显主体空间。

6.6.2　综合作业赏析

评语：如图 6-34 所示，该学生运用围合，生成三角形流动空间，不断重复，形成穿套空间；再运用三角形的动感，使空间层次丰富，形成韵律感。

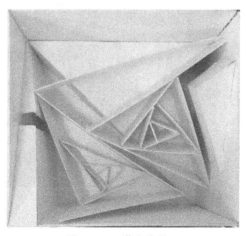

图 6-34　学生作品一

评语：如图 6-35 所示，该学生运用九宫格元素，稍加变化，使之进行不同层次的重复，形成极强的韵律感；强调掩映，但覆盖性太强，视觉上效果不明显。

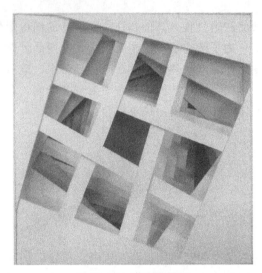

图 6-35　学生作品二

评语：如图 6-36 所示，积木盒子在空间构成中具有重要意义，在创作中，每个空间设计手法尽量统一，空间尽量有序；抓住创作主题，充分表达所用元素的特点。

图 6-36　学生作品三

本章小结

本章主要讲述空间的概念、生成、创造方法、设计方法等内容。以建筑中的空间元素研究为切入点，逐步解读建筑空间的心理暗示和情感特点，掌握建筑空间的设计手法，以及运用简单的空间设计原则进行建筑案例的解读，从而为下一阶段的建筑设计和组织打下基础。

习 题

1. 设计训练

（1）建筑减法——泡沫空间减法设计。

在一块完整的实体泡沫中，运用切削手法，减去一定的实体，形成空间。在该设计中重点推敲虚空间，要求在虚空间设计中有秩序、有主次，并考虑如何实现空间的连通。

设计成果要求：模型成果。

设计材料要求：用白色泡沫切割完成。

设计原则：利用减法设计空间，在有限的三维范围内，处理空间的主次关系、视线主体、空间感受等。

设计规格：20cm×30cm×20cm 或 30cm×30cm×20cm。

（2）建筑加法——空间要素加法设计。

在一定空间范围内，通过有限的三种构件：块体、板材、杆件，设计一种类似建筑的微空间。空间可分为上、中、下三个等大单元，各单元之间采用相同设计逻辑和不同设计手法，充分发挥块体的占位性、板材的分隔性和杆件的限定性、连接性。三种材料的空间设计手法不同，组织协同设计。

设计成果要求：模型成果。

设计材料要求：用木材或泡沫等适合切割的材料，所选的三种构件用相同的材料。

设计原则：注意用构件的加法反观空间的减法，用构件的粘连反观空间的断。以此类推，连续生成三个等大单元，进而完成一个空间生成作业。注意空间的流通性和主次空间关系。

设计规格：40cm×40cm×40cm。

2. 思考题

（1）结合老子《道德经》中"埏埴以为器，当其无，有器之用。凿户牖以为室，当其无，有室之用。故有之以为利，无之以为用。"谈一谈你对空间有无的理解。

（2）思考不同类型线条或形状对空间氛围的影响。

第三篇

建筑空间

第7章 肌理与材料

教学目标

本章主要讲述肌理的概念及形态特征、建筑肌理的配置设计,并且列举了多种主要建筑材料的肌理特点,使学生对材料肌理有一定的感性认识。通过本章学习,应达到以下目标。

(1) 了解肌理的概念及形态特征。
(2) 熟悉肌理的配置设计。
(3) 掌握建筑材料的肌理表现。

思维导图

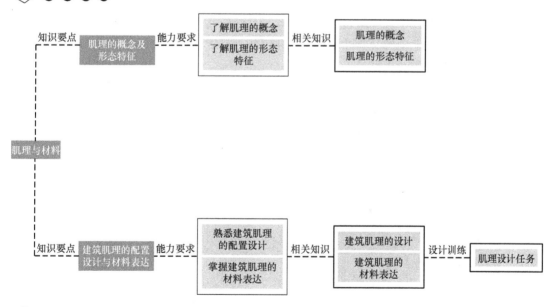

引言

建筑设计就是对空间的设计,"有形物质"这个"看得见,摸得着"的东西必然有着"看上去的视觉和摸上去的触觉"。当建筑由一系列的视觉、触觉形成一个有机体的时候,建筑所传达的感情信息就必然超出了建筑长、宽、高的基本形体信息,所以了解并掌握多种材料肌理,在设计中推敲运用恰当的材料肌理,是一名合格的建筑师必须具备的基本功。

7.1 肌理的概念及形态特征

7.1.1 肌理的概念

肌理是指一个物体的表面特征。它包括形状大小和物质状态等视觉元素，也包括心理要素，以及不同材料肌理所表现出的温度感和触感。由物体表面视觉元素所引起的视觉称为视觉肌理；由物体表面组织构造所引起的触觉称为触觉肌理。

7.1.2 肌理的形态特征

肌理的形态特征可以从三维凸凹、二维图案、透明性三个方面去分析。

1. 肌理的三维凸凹

肌理表面连续出现的凸凹变化会产生粗糙的触感。粗糙是由物体表面小而多的群体单元产生的，如布料的线结、砖头的粉末、木材的纤维、涂料的颗粒等。这些群体单元互相之间有空隙，在材料表面就形成凸凹。肌理的粗糙和光滑是相对的，没有绝对的粗糙也没有绝对的光滑。小尺度的凸凹会让人联想到一定的心理感受，有沉重的、安静的、沧桑的、温暖的感觉，可以丰富建筑表情；波浪状大尺度的凸凹会让人联想到海浪、随风飘动的旗帜，有柔软的、运动的、弹性的感觉；几何状大尺度的凸凹会让人联想到柜子或机械堆叠在一起，有坚硬的、机械的人工感觉。

【真石漆表面】

这些本来属于触觉的认知，我们可以通过视觉的形象暗示出来。虽然建筑观赏者不能逐个触摸每个建筑表皮，但是可以通过建筑表皮的肌理领略到建筑师想要暗示的触觉信息。例如，真石漆（图7-1）粗糙的表面，会让人联想到手工的、怀旧的、赋予人文关怀的建筑情感；普通涂料（图7-2）刷出平滑的表面，会让人联想到工业的、简约的现代建筑情感。

图7-1 真石漆表面

图7-2 普通涂料表面

2. 肌理的二维图案

重复单元的肌理图案和建筑立面宏观肌理都能表达建筑表情。肌理的二维图案并不代表建筑表皮是二维的,在一定程度上也伴有一定的三维凸凹,但是主要形态特点体现在二维画面中,可分为偶然形态、几何形态、有机形态三种。

(1) 偶然形态:形态的发生不可精确地人为控制,也不可精准地复制,如布料的褶皱、木材裂痕、染料溅射等。这种形态的特点是缺乏准确性,但却有着"鬼斧神工"的趣味性。其形态往往会出现动态的视觉效果,如图7-3所示,伦敦 Sugar House 工作室斑驳的立面表面,让人感觉到色块是先后出现的甚至产生变化。

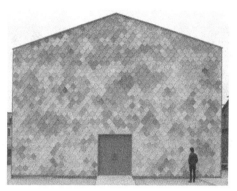

【伦敦Sugar House 工作室立面】

图 7-3 伦敦 Sugar House 工作室立面

(2) 几何形态:图像采用尺规绘制,进行图案的复制,在建筑中以矩形组合最为常见。几何形态肌理的特点是理性、明快、准确;其不足是呆板、缺乏自由感,造型使用不当会显得生硬。所以在设计几何形态肌理时,要把握好节奏、韵律、虚实对比等形式美法则。如图7-4所示,丹麦 Herningsholm 职业学校的建筑,立面采用了矩形的简单重复,在伴有凸凹变化后产生了立面宏观的肌理,效果简洁、生动。

图7-4 丹麦 Herningsholm 职业学校建筑

(3) 有机形态：具有内在规律而形成的一种形态，看上去非人工但是有秩序，体现自然之美。可采用分形几何、参数化设计、仿生等形式。其中分形几何看似复杂无规律，但图形各层级迭代生成，且各层级图形有精确的自相似性、半自相似性和统计自相似性，又被称为大自然的几何学；参数化设计是利用计算机技术，将影响因素输入计算机应用软件中，让计算机自动计算生成一种符合各项要求的未知形态；仿生是指模仿大自然的生物样貌设计的模拟形态，有机形态图案并不完全相同，但都体现同一生成逻辑，所以容易体现多样统一的美感。如图7-5所示，东方时尚中心的建筑立面表皮肌理设计，出现了相同的设计逻辑而产生的动态效果，没有完全一致的单元，整个立面却统一而完整、肌理明确。

(a) 东方时尚中心立面肌理　　　　　(b) 东方时尚中心立面肌理细节

图7-5　东方时尚中心建筑

【梵高博物馆新馆入口】　【北京定慧圆禅茶会所立面】

3. 肌理的透明性

透明性也可以认为是物质肌理的一种属性。透明与非透明也是相对的概念。在建筑中，除了我们最熟悉的玻璃等透明材料外，还有一些有机玻璃、高分子膜和加了导光纤维的透明混凝土等半透明材料，一些不透明的材料还可以通过穿孔的方式来获得一种半透明的特殊肌理。肌理的透明性可以传递一定程度内外的视觉信息，使建筑看上去更富有层次感。在梵高博物馆新馆入口（图7-6）设计中，大理石贴面与弧形玻璃幕墙被通道一分为二，空间上一虚一实，对比明确；肌理表达逻辑清晰，大理石粗糙，表现传统的梵高艺术，玻璃幕墙通透而光滑，表达当代艺术。两种肌理的并存表现传统与当代艺术的碰撞。又如，北京定慧圆禅茶会所（图7-7）立面设计，类百叶状的木条体现会所的温馨与私密性，而百叶窗的遮挡性设计又凸显了会所的隐世感，使立面视觉上若有似无。

图7-6　梵高博物馆新馆入口　　　　图7-7　北京定慧圆禅茶会所立面

7.2 建筑肌理的配置设计与材料表达

7.2.1 建筑肌理的配置设计

建筑的肌理来自两个方面：一是材料自身天然形成或在制造过程中形成的；二是建筑师将材料按照某种形式排列出来的。前者材料肌理属于微观层面，建筑师只能根据需要选择材料肌理或者在建材厂加工材料从而获得想要的肌理；后者属于建筑表皮设计范畴。

在建筑设计中，对于肌理的配置设计，有时是被动的，需要根据建筑设计方案中要求的色彩、造价、构造等因素选择材料，根据材料被动选择肌理。有时肌理的配置设计是主动的，不同的肌理形态会表现不同的细节和色彩，设计师基于建筑局部肌理的需求进行选择或加工，得到所需的材料特征。例如，用钛金属板的光泽表达高科技的未来感，用耐候钢的铁锈表达沧桑、沉重的历史感，用大理石板的纹理表达华贵的质感，用文化石表达自然、亲切的情感。如图7-8所示，The Pit House汽车俱乐部的建筑肌理结合色彩设计时，更能体现建筑目的性。建筑外立面通体采用压型钢板，以红黑配色，让几抹红色在大面积的黑色衬托中显得格外热烈，其独特的色彩属性匹配了品牌调性，发挥了最大的活力值。

【The Pit House 汽车俱乐部】

图7-8 The Pit House 汽车俱乐部

建筑肌理的配置设计还需要注重形态对比，每个形态特征都有一组"反义词"，如光滑与粗糙、水平与垂直等，通过处理不同肌理在建筑中的位置、面积、比例，可以创造出肌理的对比（图7-9）。高大的建筑，宜将富有细节的肌理布置在视线容易看到的位置，将富有触感的肌理布置在人们可以触摸的位置，有利于丰富建筑的表情。

图7-9 建筑肌理的光滑与粗糙对比

7.2.2 建筑肌理的材料表达

建筑的肌理表达源于材料，常用的建筑材料有石材、砖与面砖、木材、混凝土、金属、玻璃、涂料、高分子材料等。

1. 石材

石材给人厚重的感觉，不同的石材有不同的花纹和色彩，利用不同的加工方式，可以将石材抛光、琢磨出不同肌理。石材是传统建筑材料之一，现代建筑只是将石制板材当作饰面，石材本身已不再起承重作用。通过湿贴或干挂石板，在板面处理方式和板块拼贴组合上形成不同肌理效果。石材肌理有粗糙野性的，也有人工打磨抛光的，其表面的二维图案有自然堆叠表达偶然形态的，也有人工石板刻意拼贴成几何图案的。如图7-10所示，红石山房的石材肌理中，自然粗野的石块肌理表达建筑的质朴和特有的文化性。又如图7-11所示，法国红石学校餐厅的立面石材肌理中，石材的肌理有力地表达了地域特点。

图7-10 红石山房

图7-11 法国红石学校餐厅

2. 砖与面砖

砖也是传统建筑材料，砖通过多样的砌筑方法，可以创造出丰富的表面凸凹变化，形成粗糙与平整的对比。现代建筑已很少用砖块来承重，更多的是用面砖来模拟垒砌的效果，因为没有力学承重关系，面砖的铺贴方法也更灵活多样。例如，在传统的砖块砌筑中，为了保证墙体的整体性，需避免砖墙上下通缝的情况，而面砖可以上下通缝产生较长的砖缝线条，形成富有秩序的立面网格。如虎溪土陶厂改造砖肌理（图7-12），砖墙砌筑时有意设计成凸凹变化的连续墙面，既避免了通缝，又突出了砖的单元尺寸，以及砖所形成的墙面肌理。

【虎溪土陶厂改造砖肌理】

图7-12 虎溪土陶厂改造砖肌理

3. 木材

作为传统建筑材料的木材，其特殊的木制肌理，会给人自然、温暖的感觉。木材的自然形态通常是杆件状的，所以建筑墙面使用木材时会使用"排线成面"的构成方式，这也意味着木材肌理通常显示出条形的几何形态，也就是二维图案。通过改变木条的间距可以改变肌理的透明性，对其表面增加防腐涂层或进行木材本身碳化防腐处理，都会改变木材的肌理效果。如图7-13所示，多伦多树塔建筑中的木材肌理，用恰当的木条间距表达了木材本身的温馨的感觉，以及建筑整体的竖向性。当然也可以使用人工复合木材使建筑用料外观接近天然木材，可以把竹子、稻草、纸板类材料也归入其中，成为植物纤维材料。如图7-14所示，佛罗伦萨艺术中心设计中，天然材料使立面看起来更有机，与人的共存更为和谐。

【多伦多树塔】

图7-13 多伦多树塔

【佛罗伦萨艺术中心】

图 7-14 佛罗伦萨艺术中心

4. 混凝土

混凝土由于其优秀的可塑性和力学强度，被广泛应用于现代建筑。混凝土的肌理取决于塑形的模板。大量的现代建筑常用混凝土表达立面的肌理。如图 7-15 所示，银川韩美林艺术馆用混凝土的肌理表达粗野的表皮质感；如图 7-16 所示，首尔 RW 混凝土教堂用清水混凝土表达细腻的立面表皮。此外，混凝土也可以做成挂板挂在墙面上，如图 7-17 所示，辛亥革命博物馆用混凝土挂板拼接的方法，产生了形体夸张的全新肌理效果。

图 7-15 银川韩美林艺术馆

5. 金属

金属材料分型材与板材，我们可以理解为线形态和面形态。建筑设计中主要考虑其耐腐蚀性、造价和结构强度。金属光泽作为肌理能给人工业感、科技感、现代感；同时，还可以用穿孔、压花等不同的加工方法创造半透明、三维凸凹等样式的肌理效果。如图 7-18 所示，上海市公共安全教育实训基地的立面造型，用金属肌理表达当代建筑的简约形体，金属挂板反映了当代建筑技术的高度和现代的审美习惯。

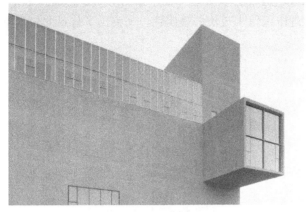

【首尔RW混凝土教堂】

图 7-16　首尔 RW 混凝土教堂

【辛亥革命博物馆】

图 7-17　辛亥革命博物馆

【上海市公共安全教育实训基地】

图 7-18　上海市公共安全教育实训基地

6. 玻璃

玻璃作为窗户和幕墙的主要材料，有丰富的肌理表现力。由于单块玻璃的尺寸有限，玻璃之间的板块拼接就成了设计师主要考虑的肌理特性。如图 7-19 所示，美国铜大厦的玻璃肌理极尽所能地表达了玻璃作为建筑材料良好的通透性和采光性。此外玻璃的色彩、纹理等性能的改变能够创造出更多肌理特征，如图 7-20 所示，Métropole 诺曼底鲁昂总部大楼的彩色玻璃肌理既保留了玻璃的透明性，又突出了材料的轻盈感。

【美国铜大厦】

图 7-19　美国铜大厦

【Métropole 诺曼底鲁昂总部大楼】

图 7-20　Métropole 诺曼底鲁昂总部大楼

7. 涂料

涂料是建筑中常用且廉价的材料，既能赋予建筑色彩，又能通过改变喷涂方式或添加颗粒来获得特殊的肌理效果。但应注意的是，肌理的凸凹在阳光照射下产生的小阴影，会改变色彩的明度。涂料常常会产生分隔缝，可以实现宏观几何形态的二维肌理，甚至可以用来模仿砖石的效果。崧淀路初级中学（图7-21）的立面涂料色彩丰富，肌理光滑；涂料特有的漫反射使建筑的环境色彩斑斓。

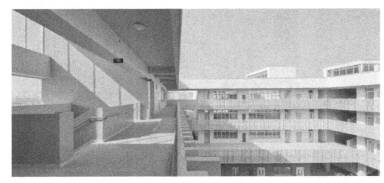

【崧淀路初级中学】

图7-21 崧淀路初级中学

8. 高分子材料

高分子材料是很多现代材料种类的统称，它在建筑构造中因为具有良好的防水性，常被用作防水材料。在建筑外立面中，常利用光滑、半透明和弹性的特性，来创造透光的、光滑的、有张力的外观。秦皇岛阿那亚儿童餐厅（图7-22）的PC板以聚碳酸酯为主要成分，有一定的光泽度且有半透明效果，给人轻盈的感觉；厦门欣贺设计中心（图7-23）的PTFE膜以聚四氟乙烯为主要成分，呈现出白色、有弹性、有一定透光性的膜，利用其弹性呈现出一定的张力，有着丰富的视觉效果。

【秦皇岛阿那亚儿童餐厅】

图7-22 秦皇岛阿那亚儿童餐厅

【厦门欣贺设计中心(效果图)】

图 7-23　厦门欣贺设计中心（效果图）

7.3　设计任务

7.3.1　肌理设计任务书

任务要求：以 40cm×40cm 卡纸为底板，设计一种基于重复平面构成的三维凸凹肌理，材料可选卡纸、木材、塑料、混凝土等常见材料。肌理应选择简单形态的规则重复，来形成一定的表皮质感；肌理表现应符合设计师的设计概念。肌理表现手法简洁，表现力强，以模型来表达，肌理特点明确、逻辑清晰。

任务目的：通过肌理设计的训练，使学生练习对粗糙和细腻肌理的塑造和控制，掌握肌理的特点和设计手法。学生通过推敲肌理与实体、肌理与光影等要素的关系，能够在未来对建筑表皮有更敏锐的洞察力和创造能力，这种创造能力将转化为建筑立面设计的本能，创造出几何的或有机的建筑形象，为未来的城市设计打好基础。

7.3.2　综合作业赏析

评语：如图 7-24 所示，该作品以简单折纸形态构成重复单元，形成三维的、半立体凸凹肌理，形成了明确的肌理设计；但粘贴部位弯折没有详细的精准处理，这种不确定性使作品显得质量粗糙。

评语：如图 7-25 所示，该作品以三角形为母题，形成平面构成的三维化发展，体现上下叠加覆盖的立体关系；再将若干三角形收缩轮廓，层层叠起，创造出丘陵梯田的意向；整个肌理设计多样统一，层次分明。

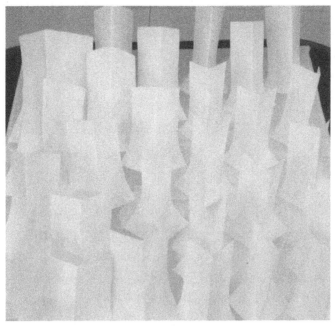

图 7-24 学生作品一

图 7-25 学生作品二

评语：如图 7-26 所示，该作品用不同的三角形组成不同的棱锥体，由于各个棱锥体的大小、形态都不一样，体现出肌理的凸凹效果，追加灯光后有较好的光影关系；单体由相似的三棱锥组成，故有多样统一的美感；但个别的尖角对位关系表达不精准，略显粗糙。

图 7-26 学生作品三

评语：如图 7-27 所示，该作品在简单的方格骨格线上叠加不同层数的小方块，因方块层数不一，而又随机地起伏变化，图面整体均衡稳定。

图 7-27 学生作品四

评语：如图 7-28 所示，该作品使用的沙土材料本身附带颗粒质感，表皮肌理最终落在实现材料上，对材料肌理的掌握较好，但底板的几何图案有待深入推敲。

【学生作品】

图 7-28 学生作品五

本 章 小 结

本章主要介绍了建筑肌理的概念，肌理的形态特征，肌理的基本设计方法。

肌理的形态属性可以从三维凹凸、二维图案、透明性三个方面去分析。从凹凸关系可以分为光滑与粗糙；从图案关系可以分为偶然形态、几何形态、有机形态；从透明性可以分为不透明、半透明和透明。肌理的设计主要利用材料天然属性和人工设计结合。分析不同肌理的感情色彩，注意不同肌理的对比使用。本章还介绍了多种建筑常用外立面材料以及其常见肌理特征。

通过本章学习应了解肌理形态特征，掌握肌理的基本设计方法，熟悉建筑材料的肌理表现。

习 题

1. 设计训练

半透明肌理设计：用卡纸制作一个长 30cm、宽 10cm、高 20cm 的长方体，假设它是一个建筑，再用其他卡纸制作若干个半透明"表皮"覆盖在"建筑立面"上，通过不同的材料肌理变化，感受设计中肌理对于建筑立面表达的影响。

2. 思考题

（1）思考校园里的建筑都用了哪些材料？有没有相同的材料经过加工处理后形成不同的肌理质感？

（2）思考生活中所见到的建筑肌理，哪些效果是材料天然表现出来的？哪些是建筑师有意为之的？

（3）一个建筑中出现的不同肌理，它们的组合有什么规律可循吗？

第8章 建筑微环境

教学目标

本章主要介绍建筑微环境的概念，讲述建筑设计与建筑微环境相互影响与协调的关系，进而进行相关设计与实践训练。通过本章学习，应达到以下目标。

(1) 了解建筑宏观、微观环境的内容。

(2) 熟悉建筑微环境对建筑设计的影响，熟悉建筑设计与微环境的协调关系。

(3) 启发学生分组完成群体空间的设计，感受基地与相邻环境的契合关系。个体空间具有各自独立的特点，群体空间统一步调，并能够针对特殊条件做出相应的处理。

思维导图

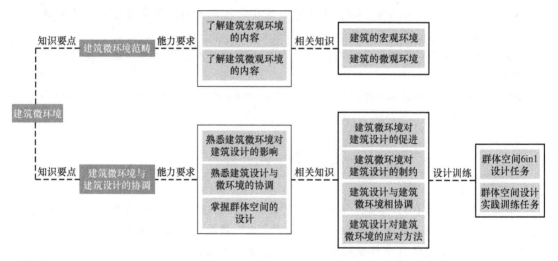

引言

学生在建筑设计的过程中，往往把所有的注意力都集中在建筑本身，而忽略了对周边环境考虑。建筑设计是空间的环境艺术，环境是建筑设计创作的重要条件，建筑应位于城市环境或自然环境中，建筑环境观从整体上重视"人-建筑-环境"，设计之初不仅仅要考虑对环境的分析，更应考虑生态环境保护，历史文脉延续等事宜。学生要以建筑师的眼光认识周围的城市环境，并通过一系列的作业提高学生的自主学习能力。

8.1 建筑环境范畴

建筑最初是人们为遮风、避雨、抵抗严寒而建的,功能和形式都较为单一。随着建筑行业的不断发展,人们不仅注重建筑本身,还对周边环境有更高的要求。环境对建筑有着直接的影响,是建筑的主要影响因素之一,建筑也要积极地协调与适应周边环境。只有建筑与环境协调统一,形成一个完整的建筑环境体系,才能满足人们日益提高的生活要求。

8.1.1 建筑的宏观环境:虚范畴

1. 地域

地域为建筑所处的地理位置,位置的不同会影响建筑构思和形式。地域大致分为三种:自然、乡村和城市。自然是人迹罕至的草原、高山、丛林和生活在其中的野生动物;乡村是田野中散落的院落和田野边耕作的农夫;城市是拥挤的街道、高耸的楼宇和摩肩接踵的人群。三种地域环境的差异反映了人的活动对环境的改造程度:人的活动介入越少,环境就越"自然";人的活动介入越多,人造物就越密集,环境就越"城市"。因此我们在探讨宏观环境时,常常也划分为自然和城市两个地域。

我们所见到的城市都是逐步演化而来的,从自然到乡村再到城市并不存在明确的界线,从世界范围来看,自然向城市的转变是不可逆的,未来大部分人类都将生活、工作在城市中,城市建设活动也发生于此,因此更应加强对地域概念的理解。

2. 物质环境与非物质环境

物质环境包括城市的自然环境和人工环境,由实在物质构成,如建筑物、河流、树木、空气等。同时,任何一座城市在发展过程中都具有自身独特的历史、人文、习俗和传说,构建出一座城市的文化内涵和人文环境,我们将其称为非物质环境。物质环境可以直接感知,并通过具体的物理、几何特征加以描述,成为建筑设计的限定条件;非物质环境需要通过提取和分析那些承载它的物质环境要素,才能转化为建筑设计的限定条件。

建筑作为一座城市的象征,不仅能够彰显一座城市的特点,同时也能够代表一座城市的文化底蕴。因此在城市建设设计过程中,需要与城市的人文环境相结合,将城市的精神内涵有效地渗透到具体的设计中,促进建筑与城市人文环境的和谐发展。

在建筑设计基础中,我们需要了解的是基本的城市物质环境特征,需要培养的是将非物质环境转化为建筑设计条件的能力,这需要依靠更广泛的跨学科知识和长期积累的设计经验来获得。

8.1.2 建筑的微观环境:实范畴

1. 街区与地块

城市中的土地,除了城市居民共有的街道、河道等,其他城市土地都需要被划分成块，且都需要确定其权属，也就是土地的所有者或使用者，由他们在土地上进行建造活动。街道将城市土地划分成较大的块，这些由城市街道围合的大块区域称为街区，街区由于其面积较大，也可进一步划分成更小的部分，形成地块。

地块的大小、形状与其上的建筑功能和规模是相互联系的，每个地块都应与城市街道相连，人们对一座城市的最直接的感知就是来自城市街道的平面视角，尽量使街区内建筑物之间形成连续性或映衬性，以增强城市空间的层次性。

2. 地块与建筑

地块内进行建筑的建造活动，要根据边界条件考虑建筑形体在场地内的布局，地块内的建筑除了不能超越自身地块权属边界，还常常需要遵守一些规划控制线的退让要求，以满足城市整体上对公共开放空间的需求。城市规划中常用的控制线有：道路红线、水域岸线规划控制蓝线、高压黑线、历史文化保护规划控制紫线、绿化用地绿线。另外，地块本身的面积、形状、边界条件、配套基础设施等都会对地块内建筑的位置与形体带来限制。

3. 红线内环境

红线是建筑用地的边界线，红线内土地面积就是取得使用权的用地范围，红线内的建筑与室外空地设计同样重要，我们称其为总平面设计。一方面，建筑的形状会对红线内室外场地的划分与限定造成很大影响；另一方面，室外场地要根据建筑与红线的出入口位置来设置人行、车行的通道以及其他必要的室外活动场地，可以通过划分出硬地和软地，来设计铺地、植被和水体等。

红线内环境包括红线范围内的自然环境和人工环境，自然环境是人工环境的基础，而人工环境又是自然环境的发展。如图 8-1 所示的建筑红线示意图，图中虚线为建筑红线。

【建筑红线示意图】

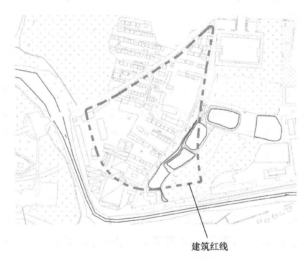

建筑红线

图 8-1　建筑红线示意图

（1）红线内的自然环境：红线内的自然环境是红线内环绕建筑周围的各种自然因素的总和，如自然存在的水域、自然存在的植物、天然的土壤等。

（2）红线内的人工环境：在当前城市发展过程中，人造物质环境即为人工环境，如城市格局、建筑形式、空间构成、基础设施和名胜古迹等。这些人工环境可以划分为传统人工环境和现代人工环境。在当代建筑设计中要充分地尊重传统人工环境，具有大局思想和开阔的胸襟，以包容性的设计理论来促进建筑设计与人工环境之间的协调统一，实现二者的有效融合。红线内的人工环境是红线内环绕建筑周围的各种人为因素的总和，包括对自然环境的人为改造，如对自然水域形状的改变、对自然植物的继续保护或阻断生长、对自然地形高差的改变等。

8.2　建筑微环境对建筑设计的促进与制约

8.2.1　建筑微环境对建筑设计的促进

建筑设计中要充分利用环境特色，对环境中的影响因素进行提炼，通过"客观存在"与"主观改变"的手法来进行因素的分析，发挥有利因素，来更好地表达建筑设计理念，为建筑设计提供指导。在建筑设计中要兼顾"客观存在"与"主观改变"两种思想，才能更充分地利用环境中的有利因素。如果只强调客观的存在而忽略主观的改变，在设计中会受外部环境支配，则建筑设计将陷入环境的固化思想中；同样，如果只重视主观改变，即只追求建筑设计，而忽视环境中的有利因素，就会使建筑设计被孤立，无法与环境共存。

建筑设计中需考虑周边地段、交通、街景等不同因素，选取其中较有利的因素，了解其使用要求，并在基本建筑功能的基础上，对有利因素加以利用。如某建筑位于城市主要道路交叉路口的位置，可利用交叉路口的特殊性，在建筑造型上有所突破，在建筑功能的选取上合理布局，能够打造出一处特别的城市街景；再如地块周边有面积较大的公共绿地时，可利用其有利的环境因素，将良好的城市小气候引向周边地块，在周边打造绿地与广场用地、公共管理与公共服务用地等，更大程度地为公众提供服务。

所以，在设计时必须把握设计与环境的主客观关系，在建筑设计的基础上，找出有利的环境因素并加以利用，使建筑与环境结合在一起，提升整体境界。对于建筑微环境的具体空间设计，应该对建筑周围的规划、交通和群体关系，进行全面细致地分析，有效地利用微环境与建筑整体布局的融合关系，达到城市整体布局的艺术效果。

8.2.2　建筑微环境对建筑设计的制约

建筑学专业的同学在做地块的建筑单体及群体设计时，很容易受到地域、气候、文化和红线内环境等建筑微环境的影响。

建筑微环境对建筑的设计构思、造型、可持续发展和使用性等方面有较大制约。

建筑设计构思方面：建筑微环境中建筑所在地域、当地气候和红线内环境等因素将影响设计思想的形成，如五感构思中的自然构思、地形构思受到微环境的影响；建筑造型方面：建筑微环境中当地气候、城市与街区和红线内环境等因素将影响建筑的造型，如建筑形式、风格、色彩、出入口位置、建筑高度、沿街立面、不同建筑之间的高度和比例相互呼应等，均受到微环境的影响，都应与周边环境相协调；建筑可持续发展方面：建筑微环境中当地气候、文化和城市与街区等因素将制约建筑的可持续发展，如建筑的采光性、通风性、保暖性、建筑材料的选取、建筑功能的确定和建筑的维护翻修等，均受到微环境的影响，都应与周边环境相协调；建筑使用性方面：建筑微环境中当地气候、文化和红线内环境等因素将影响建筑的使用性，如建筑功能、建筑层数、建筑后退红线距离、建筑室外场地设置、建筑布局形式和建筑室内外高差等，均受到建筑微环境制约。

8.3 建筑设计对建筑微环境的协调与应对

建筑微环境能够促进和制约建筑设计，反之建筑设计也会对周边环境造成诸多影响，针对这一问题，作为建筑设计者，在建筑设计时需要以城市可持续发展视角来开展设计工作，即遵循环境保护原则，在建筑设计时将自然、生态、环境放在首要位置，实现建筑设计与城市环境的有效融合。

8.3.1 建筑设计与建筑微环境相协调

1. 建筑设计与自然生态环境相协调

建筑设计中，应注重建筑与自然生态环境协调统一，特别应注重建筑的采光性、通风性、保暖性、减噪性等生态节能的因素。建筑设计应立足于基地固有的环境优势特点，扬长避短，全方面考虑建筑与环境之间的关系问题。尽量将建筑的美与环境的美巧妙地结合起来，增加生态环境因素所占的比例，利用一些空地合理布局、规划，多保留和设置一些绿化地、水面，力求提供幽雅舒适的生活环境。但目前的很多建筑设计，不太注重与自然生态环境的和谐共存，特别是在城市，会存在为了盖房而肆意砍伐或迁移大树、毁坏绿地的情况。这些都是与建立和谐社会背道而驰的行为，不利于建筑的可持续发展。在国家有关部门的大力整治下，这种情况越来越少，但是在建筑设计中，仍然有部分人对建筑的理解还存在一定的局限性，没有体会到建筑的内涵。有的人考虑建筑的环境范围仅仅局限于一个小区域，没有把更大范围的环境因素考虑进去；有的人只考虑短期的、暂时的因素，没有考虑到建筑与环境的长久共存。

作为建筑设计者，必须全面考虑建筑与诸多自然环境因素的关系，并力求将所设计的建筑尽量与自然环境保持协调、统一，这样才能使建筑与自然环境相协调。反之，如果建筑与自然环境的关系处理不当，就会影响甚至破坏周围的自然环境。而建筑周围的自然环境一旦恶化，就会对建筑造成不良的影响甚至可以破坏建筑。因此，建筑设计必须注重与自然环境的协调统一，充分考虑建筑设计与自然环境的相互关系，力求和谐统一，这是做好现代建筑设计应该重点思考的问题。

2. 建筑设计与人文环境相协调

任何一个建筑都处于相对应的建筑微环境中，这需要在建筑设计时充分考虑与人文环境的协调因素。人是建筑和环境的主体，建筑设计时必须考虑人的需求。不同的人对建筑有不同需求，不同的个体，因为其社会阅历、生活水平、职业地位、个性、性别、民族、地理环境等诸多因素的差异，对建筑的需求也是多种多样的。所以在建筑设计时应考虑如何为人提供更优质的服务，带来舒适的感受。

3. 建筑设计与时空相协调

建筑设计会对空间环境带来较大的影响，因此在具体建筑设计过程中，要结合空间环境特点来进行具体的设计，使建筑与空间环境能够有效相融，共同构成一个有机整体，以此来推动建筑和空间的协调发展。建筑设计与城市环境之间的融合发展是一个持续性的过程，即具有周期循环性，二者之间在循环过程中会取得共同发展和进步。

8.3.2 建筑设计针对建筑微环境的应对方法

建筑设计应该充分发挥环境中的特色，尊重设计者的创新构思需求，在适当的加工和改造之后，使建筑传达出的精神情感与环境相互影响、相互制约、相互融合，将建筑空间的一部分"环境化"或将一部分环境空间"建筑化"，最终为总体设计布局服务。

1. 共存法：针对环境强化制约条件——眼见为实

特定的建筑环境必然存在一定的设计局限性，在某些层面上可能会与设计者的设计意图相违背，甚至有时固有的环境现状会与设计者的设计意图相冲突，此时，设计应该在保留建筑整体环境中有利因素的情况下，着力改造建筑环境中与设计者设计意图不相符的因素或不利因素，以实现整体建筑空间布局的和谐性。

2. 吸纳法：求同存异，将环境条件作为自身设计的一部分——顺势而行

在建筑设计中，可将环境转换成建筑的一部分，用建筑将环境中的主要要素加以围合或凸显，结合原有外廊等建筑过渡空间引入建筑微环境，来完成环境的融入。例如，在建筑中庭设计中，将建筑微环境引入室内，既加以利用，同时又避免了外界交通、气候等条件对建筑室内的影响。又例如，在建筑底层架空设计中，在保留结构前提下取消底层局部隔墙，结合功能布置，开辟出底层架空空间或骑楼形式的通道，成为联系周边环境的途径，建筑室外环境可以进入了人们的视线，能在建筑中观赏到自然景色，与自然沟通。

3. 隐身法：将建筑自身作为环境一部分进行设计——融入环境

在设计中，采取合适的设计对策，将建筑自身作为环境的一部分，加以融入。其对策主要有以下两种。

（1）室外空间互化。将建筑与周围的室外空间结合渗透，可采取三种形式加以组合。平面式结合：是一种常见的处理方式，将建筑室内外设计标高相统一，将建筑与室外空间相互联系，以便于人员的出入。下沉式结合：建筑室外标高低于室内标高，形成室外下沉广场空间，其干扰小，安全感强，易于形成阴角空间，作为与城市公共空间相联系纽带的竖向出入口。抬座式结合：将局部室外场地设计成室外台阶等抬座形式，与广场、室外舞台等室外场地结合设计，并将该空间开放为城市空间。

（2）半室外空间互化。针对建筑室内外空间的接口部分，由于空间归属上具有不定性，既是外部空间的向内渗透，又是内部空间的向外延伸，所以可通过两种手法来完成建筑融入。一种是巨型出入口：对出入口做夸张处理的手法，使之成为一个有顶盖的广场，形成建筑与环境之间的过渡空间；另一种是悬挑或柱廊：是一种对建筑底部做收进处理的方法，它有利于吸收人流，促进建筑底部发挥功能，形成"既内又外"的模糊空间。

8.4 群体空间设计任务

8.4.1 任务一：群体空间6in1设计

在空间生成的课程内容中，每个学生利用空间的创作手法，单独完成一个积木盒子的制作，以培养学生协调处理单元空间与周边环境的能力，并能够合理利用建筑边界与条件，在本节以小组为单位，对空间进行多样化的组织，形成群体空间的设计。如图8-2所示，为群体空间设计限定条件。

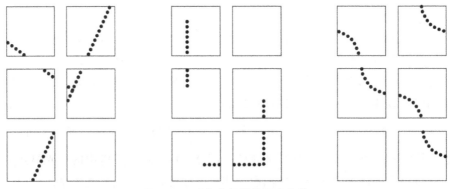

图8-2 群体空间设计限定条件

群体空间设计以六个学生为一组，由老师给出不同的限定条件，集体讨论设计方案，在限定条件处通过几何形体重复、聚合和分解加以强调，使六个盒子（长30cm×宽30cm×高20cm）形成一个整体，此后每位同学在整体设计方案的基础上，选用不同的创作手法完成自己的积木盒子制作，制作者要时刻注意与相邻盒子的协调，通过推敲、讨论、修改、小组点评和组间互评，形成完整的群体空间设计。

8.4.2 任务二：群体空间设计实践训练

组织学生参观已经建成的建筑实例，在真实的场景中体验建筑及周围道路、景观之间的关系，思考建筑与环境该如何相互利用。以小组的形式进行调研，从外部环境入手，通过调研，思考建筑主次入口的位置与道路之间的衔接以及建筑朝向的设计与景观环境之间借用的关系。例如，从校内的图书馆外部环境入手，分析人流、景观等，学生通过自己所学的知识分析已建图书馆的选址、朝向、入口等，分析道路与建筑的相互促进和相互制约，提出从环境中认识建筑的看法。

经过训练，学生应能够理性地选择地块，并给予充分的理由，发挥自己在建筑创作过程中的个性特色。同时，在环境中找出约束条件，在特定条件的约束和控制下提出构思和创意，摆脱单纯探寻形式构图或者抛开环境只顾自我表现的状况，使学生的创作找到了真正的依托。

8.4.3 综合作业赏析

评语：如图8-3所示，该作品的设计主题较为压抑，以体块高低对比、尖锐三角形与平坦四边形的对立、圆弧与直线的矛盾感，突出表达中心思想；并注重盒子与盒子之间的联系，使之"合"能形成整体，"散"又能各自独立，彼此之间相辅相成，共同完成主题的表达；在细节上，虽然各自手法不统一，但不统一的手法表达相同的主题，体现了整体性。

图8-3 学生作品一

评语：如图 8-4 所示，自然的破裂拥有自然的美，通过探寻发现破裂起始于一点，肆意发散，最终又汇集一点。该作品极力表现这一特点，从平面转为空间，使不同立面拥有各自的破裂又协调统一；每个小盒子以不同的手法表达破裂的主题，盒子与盒子之间又有紧密联系；从第一个盒子起至第六个盒子终，起承转合，融会贯通，使破裂表达的淋漓尽致，又各自拥有不一样的风采。

图 8-4 学生作品二

评语：如图8-5所示，该作品首先在整体空间上有起伏，对角线方向由低到高、融为一体；其次，细部设计由结构线控制，形成一组发散的关联空间；最后，每个空间的设计要素有曲有直、特色鲜明，围合出不同的空间感受。

图8-5　学生作品三

建筑设计基础

评语：如图8-6所示，该作品采用了切割的手法将整体方形切割为四个不等的三角形，角与角的碰撞使整体给人一种强烈的冲击感；而一条贯穿整体布局的长斜线既将空间分割，又将六个独立模型重组，从而带来一股惊人的张力，主线旁的辅助线既呼应了主线又赋予空间新的生命力。

图8-6 学生作品四

本章小结

本章主要讲述建筑微环境与建筑的相互关系。通过本章学习，熟悉建筑宏观、微观环境的内容；熟悉建筑微环境对建筑设计的影响，建筑设计针对建筑微环境的协调与应对问题；启发学生先宏观后微观、先整体后独立地完成群体空间作品，整体作品的设计概念应高度统一，独立作品的设计应特色鲜明，并针对具体条件调整设计方案。建筑师必须重视建筑设计与环境的关系，并不断探究出利用这种关系的新方法，设计出更多与周边环境相协调的建筑作品，更好地为社会主义现代化建设服务。

习题

1. 设计训练

（1）绘制校园平面图纸，附主要出入口，并分析校园周边建筑及其环境特点。

（2）尝试重新设计校园周边主要建筑朝向及入口位置，绘制图纸。

2. 思考题

阅读下列材料，回答文后问题。

党的二十大报告指出："尊重自然、顺应自然、保护自然，是全面建设社会主义现代化国家的内在要求。必须牢固树立和践行绿水青山就是金山银山的理念，站在人与自然和谐共生的高度谋划发展。"

（1）思考建筑微环境对建筑设计的促进与制约，并举例说明。

（2）思考建筑设计与建筑微环境的协调与应对，并举例说明。

第四篇

建筑设计

第9章

尺度

教学目标

本章主要讲述建筑设计中的尺度和比例概念，以及建筑设计如何从人的自身尺度和人的行为尺度出发进行设计，介绍空间尺度的特点和建筑尺度的设计方法。通过本章的学习，应达到以下目标。

(1) 熟悉尺度的基本概念和相关性。
(2) 理解建筑尺度和比例的特点。
(3) 掌握建筑空间尺度的基本设计方法。

思维导图

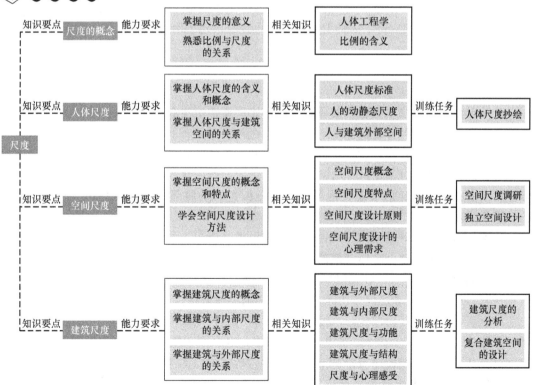

引言

艺术领域的尺度有时是不可度量的,建筑是艺术的,但建筑又不仅仅是艺术的,建筑是具有实际使用性的一种艺术形式,它必须有严谨的结构支撑,所以建筑必须是可度量的。前面章节讲述的形态构成直接影响着建筑的形式,而这种形式又与建筑本身的大小和规模有关,建筑的构成不仅会一定程度地受到建筑用途的限制,也会受到建筑整体规模和大小的限制。尺度和尺寸有关,但尺度和尺寸有绝对的差别。"尺寸"指长、宽等度量单位,而"尺度"是一种标准。本章展开讲述尺度的概念和建筑尺度理论的演变发展,以及尺度对建筑设计的指导作用。

9.1 概念

9.1.1 人体尺度

人体站和坐的空间会因人类个体的静止或移动而不同。教学楼的走廊为学生提供线性动态空间,也因人类行为产生了一个带状的长方体活动范围,而这个范围通过计算平均的使用者数量来确定基本的空间尺度。所以,建筑设计中的尺度往往是人类的行为尺度,而行为尺度是基于人体尺度的,这门学科就是人体工程学。人体尺度体现在方方面面:人类舒适的坐高为400~450mm,成人小腿骨的长度和屈膝习惯决定了楼梯踏步的高和宽约为150mm和300mm,相应地,人伸臂向上可及尺度也决定了厨房的吊柜把手高度。

9.1.2 比例

建筑设计时,往往不能忽视的还有比例。比例通常指建筑形态和空间中"局部-局部"或"局部-整体"之间的尺度之比。西方古典柱式中常见的比例有柱的粗细和高低之比、柱的粗细和跨距之比;当代建筑中常见的比例有建筑整体高度和宽度之比等。最常见的被量化的比例就是黄金分割比(0.618)。但在设计中,研究建筑空间和使用性的同时,建筑几乎很少有被严格量化的形态,这种空间的分配,或是局部之间、或是局部和整体之间的,赋予了建筑更为广泛的比例上的意义。

比例,由古希腊开始使用并在古罗马时期发展、盛行。尤其在古罗马时期的建筑设计中,柱式比例起到了整个单体建筑的标尺作用。在两千多年的建筑史中,柱式比例一直拥有着典范的地位和作用,并因其绝对精准的比例关系,而被称之为"Classic Order"(古典秩序)。可见,比例和尺度一直是典范建筑中的灵魂所在。

综上所述,比例是内部比,尺度是外部比。例如,在城市进行建筑物设计时,建筑师需要先完成1∶500至1∶2000的基地模型制作,这个模型就是建筑物与周围相邻建筑物之间的比例。又如,当使用者走进某酒店大厅,所需的空间不超过2m高,但一般酒店大厅往往用4~6m甚至更高更宽敞的空间来营造氛围,这时,人在大厅之中感受到的是夸张的建筑尺度,这种夸张的建筑尺度表达通常是建筑师为符合建筑功能或建筑的级别有意为之的。

9.2 人体尺度

9.2.1 人体自身的尺度标准

维特鲁威在《建筑十书》中用近一半的篇幅,充分研究探索了与建筑的形式和美相关的内容,强调功能至上的同时,也精准地描绘了人体尺度,并将人体尺度看作无尽宇宙中的至美之数,以及宇宙间度量万物的标准。这本书在人才辈出的文艺复兴时期,影响深远。之后列奥纳多·达·芬奇根据其文字描述绘制了经典作品——维特鲁威人,用它来表达人体尺度本身具备的比例标准。19世纪中期,西方现代主义思潮开始萌芽,古典主义复兴的呼声越发高涨,随后席卷整个欧洲大陆,其中代表人物有勒·柯布西耶。勒·柯布西耶是倡导雅典复兴的第一批现代主义者,他强调形式简约也呼吁传统的比例。如图9-1所示,勒·柯布西耶绘制的人体尺度表达了他对古典比例的致敬,以及对设计中比例关系的全新解读。

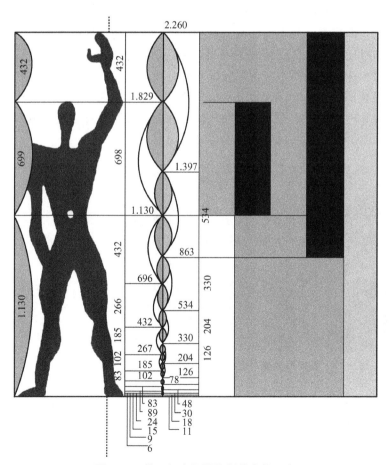

【勒·柯布西耶绘制的人体尺度】

图9-1 勒·柯布西耶绘制的人体尺度

人体尺度是一个范畴,虽然就某一区域或民族而言数值有差异,取平均的人体尺度就成了建筑设计时首要考虑的数据条件。设计师在进行建筑设计时需要根据建筑主要使用者的尺度来确定建筑的尺度。例如，在幼儿园设计中，虽然在幼儿园班级单元用房设计中仍需要考虑教师在内的成年人尺度，房间高度的设计上也不宜低于3m，但在楼梯扶手，栏杆的间距设计上，需严格考虑幼儿的人体尺度，针对小尺度设计幼儿扶手高度和更加密集的栏杆间距。这是因为，设计师考虑的使用者，首先应是受用者，幼儿园建筑的受用者是幼儿。同样，在针对残疾人和高龄老人的设计中也需要有针对性的设计残疾人坡道和符合轮椅高度的扶手栏杆等。

9.2.2 人体尺度与建筑内部空间

欧洲北部国家的平均身高普遍较高，荷兰成年男性平均身高182.5cm，居世界第一位，而中国这一指标为171.8cm，人体尺度的差异造成了建筑设计中的较大差别，如中国的厨房台面的设计高度比北欧国家低10～15cm。

建筑内部设计受人体尺度的制约与影响，这一影响主要源自建筑的空间论要素，即建筑的主旨是为人的行为服务。建筑的空间是供人所使用的，建筑因有了人的行为参与而拥有生命。空空的房间因为有了人的居住行为而称之为"卧室"，因为有了人的工作行为而称之为"办公室"，狭长的空间因为有了人的通行而被称"廊"……而建筑内部空间受到的影响不仅于此。除了物理上，即三维空间上的制约，还有心理上的控制：例如美国国家美术馆东馆大厅（图9-2），相比之下人体尺度是较小的，在巨大的博物馆陈列大厅里，利用空间的空旷和高耸来对比人体尺度的渺小，使参观者心理上接受了建筑师的引导，产生了对于巨大空旷空间的敬畏感；再如，卢浮宫地下宫的交通空间里，在距离人体尺度较近的地方，即近人尺度上，设计师创造了近距离的平台，供人们近距离观看古建筑的地下基础结构，体会地下基础中大型石料的材料肌理、与人体之间的惊人比例。

图9-2 美国国家美术馆东馆大厅

1. 人的行为尺度

建筑内部设计应严格按照使用者的人体尺度进行，更要遵循人的行为尺度，如站立、坐、卧、行，以及依据其他独特的行为而进行的设计，如吊柜的设计依据人伸臂向上的可及尺度等。

2. 使用者的操作流程

各种建筑功能需要严谨考虑使用者的操作习惯和使用流程，并按照工作流程来组织布局。这一点在厨房的设计中体现得非常明显。从冰箱里拿出食物，在工作台进行初步操作、在水池里清洗、在炉灶上烹饪、装盘，最后是清理厨房，这是一个完整的流程，各部分之间的距离应该使人触手可及，并减少重复操作的次数。

3. 人的动态尺度

其他功能空间在设计时也应考虑人体的动态尺度，如走廊的宽度设计应按照使用者平均人数，有些建筑还应考虑使用者峰值的总人数，进行人流股数的分析，各廊道宽度都尽量符合单股人流宽度（0.6m）的整数倍数，如楼梯和走廊应采用1.2m、1.8m等数据，可以尽量减少人群向前推挤拥堵。在稍宽的疏散场地和楼梯上应适当设计人流分区的扶手栏杆，如图9-3所示，大尺度台阶设计中应加设栏杆和地面警示线。

图9-3 大尺度台阶

9.2.3 人体尺度与建筑外部空间

建筑尺度除了人类的实际参与使用，还有使参观者去亲临感知的外部空间感受。人类对城市和街巷的感知，和对它们空间的使用同样重要。建筑师在进行建筑设计之前首先要熟悉和掌握的是建筑现场的条件，既包括地域、国家和气候等宏观范畴的条件，也包括城市的历史文脉和街区规划等微观范畴的条件。建筑的外部尺度受控于各个层面的条件。欧洲中世纪古镇的建筑尺度适合当时的社会形态，但不能完全适应现代大量机动车通行的情况，在当代进行改造和修缮时，为了保留当时的宜人尺度和亲切感，管理者仍然要求小镇的街巷保持着建筑体量近距离尺度的宜人，甚至不允许机动车沿街通过。

1. 人与灰空间

建筑设计时常会出现灰空间设计。灰空间指室内外之间的过渡空间，或是有意混淆界限时出现的一种空间，如图9-4所示的居住建筑的门廊，即为灰空间。此类空间的设计通常是需要有意地向室内引入室外空间的开敞氛围，令使用者感受到庭院的空间。或是故意模糊室内外的明确边界，给人以贴近自然的亲切感。因此，灰空间的尺度设计通常较宜人，不宜过分夸大，同时考虑到室内外空间的尺度衔接，如室内的尺度较小而室外的空间较大时，灰空间还需适应室内到室外的动态流线的感受。

图 9-4　居住建筑的灰空间

2. 人与庭院尺度

庭院是我国传统建筑中的重要元素之一，在我国传统民居中，四合院寓意四方和睦，北京四合院的院落空间从传统文化方面来看是万象归一的写照。四合院的尺度首先应与宅院的开间适应，进深尺度反映正殿的等级和建筑规模，等级越高的建筑前方对应的庭院面积越大，在庭院深深的传统宅邸中，可见院落尺度直接反映建筑的级别。例如，三进的四合院（图 9-5）沿街的倒座房与垂花门之间的第一进院落通常较小，只起到路径的转折功能；正房前的第二进院落尺度通常最大，与正房的等级相应；正房后的后罩房通常是未出阁的女儿的住所，一般来说，第三进院落的尺度较小。又如，庙宇中的大雄宝殿前的院落通常是整个建筑群中尺度最大的，用来烘托大雄宝殿的地位和宏大。再如，在北京故宫中轴线上可明显识别，三大殿前分别设置三个院落，每个院落的进深方向尺度直接受到三大殿尺度的控制，太和殿是皇帝朝政的建筑，其等级最高，建筑高度和尺度都最大，其前方的庭院也就随之布置为最大尺度。

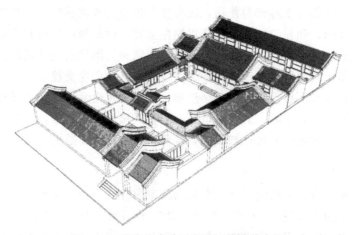

图 9-5　北京四合院（三进）的院落空间

3. 街巷尺度与人

街巷尺度的设计通常与政府的规划有关，规划道路级别越高，道路的截面就越宽，道路的分级划分就越详细。随着人类社会的快速发展，街巷的称呼逐渐被公路、干道等取代。快速的交通发展为人类交通提供了便利，然而人们居住环境中的道路能为人带来宜人尺度的仍然是街巷。步行街的设计是介于道路和人行道之间的一个概念，商业环境的步行街通常处于城市的人员密集区，吸引着大量的人流，这与传统的街巷空间不同，街巷尺度的截面更窄，通常人车混流，交通上略显混乱，但尺度更适合步行和自行车交通。但总体上，街巷尺度在沿街建筑受控的高度衬托下，显得近人、宜人、亲切，给人温馨的心理感受，仿佛回到了久别的故乡，忍不住慢下脚步。

4. 城市尺度与人

人类的平均身高有限，通常感知到的是人视平线高度的视野，很难感受到城市的空间尺度，但在人们的经验范围逐渐扩展中，人类逐渐地识别了城市空间尺度的差异。一个城市的尺度不仅仅是某一个时期的规划结果，它涵盖古今，与时代发展息息相关，与发展的速度及城市的定位都有关系。北京的城市空间尺度（图9-6）和西塘的空间尺度（图9-7）存在着天壤之别。北京的定位是大国首都、国际都市，生活节奏快，车辆和人员密集，这需要它的城市密度较其他城市明显大得多，级别较高导致行政区域、城市广场等的尺度也相对较大；而像西塘一样的江南水乡，因城市定位为宜居城镇，常年气候温热，水系萦绕，亭台轩榭，枕水而居，工业发展较慢，整个城市的生活节奏较慢，以旅游业为主，保存了大量的传统的基础建设如石桥、渡头等，城市对于尺度的控制十分得当。对比两个城市的尺度，可以发现，城市发展的速度越快，城市的级别越高，通常尺度越大；反之则城市尺度越小。我国幅员辽阔，国情复杂，现阶段既要考虑经济发展，也需要考虑城市的可持续发展和宜居性，所以，城市尺度的设计应多元融合。

图9-6　北京的城市空间尺度

图9-7　西塘的空间尺度

9.3 空间尺度

9.3.1 空间尺度概念

大尺度空间开敞、辽阔、博大，使人产生崇高、敬仰之情；小尺度空间亲切、静谧、宜人。但过大的空间尺度会使人感到空旷、恐惧，过小的尺度会使人感到局促和压抑。在建筑设计中，小空间里可以出现大尺度，大空间里也可以设计小尺度，空间尺度很大程度上取决于空间本身的比例。

9.3.2 空间尺度特点

1. 领域性

动物在野生环境中为获取食物、繁衍生息等就会产生一个适应生存的空间占领行为，其占领范围就是领域性空间尺度。人与动物虽然在生存环境上有本质区别，但也需要拥有属于自己的活动空间，这个空间力求不被外界干扰。不同的人类活动有其必需的生理和心理空间尺度，人们不希望活动空间被其他人或事所打扰，这就是人们的领域性心理。基于这样的心理，当人们处于不利环境时，个人的空间尺度会有非常明显的差异。例如，在车站、医院等公共场所，人们感受到个人的领域空间受到侵犯时，会下意识地远离他人；在电梯间这样的小尺度空间也是一样，当电梯内只有两三个互不相识的人时，每人会尽量保持各自的领域空间。

2. 私密性

使用者在占有了各自相对独立的领域空间时，常常会下意识地维护自己的领域空间，在水平方向上与其他人保持一定的距离，这就是私密性空间尺度。私密性空间包括相应空间范围内的视线、声音等的隔绝要求。例如，在餐厅就餐时人们总会习惯性地选择靠墙或是有卡座的位置，而不会在有其他选择的时候选择靠近门、过道或餐厅中央的位置，以避免他人的打扰。为了解决这个问题，设计师常在餐厅就餐区的空旷处设置一些矮墙或是一些玻璃隔断，来满足就餐者的私密性空间需要。

3. 安全性

随着人类群居社会的发展，人类对于安全的要求已经不仅是遮风避雨和躲避野兽的侵袭这类基础要求，而更多地反映在心理的安全需求上。这种安全性体现在建筑上，常常是人对于某种建筑构件的"依赖感"，即需要建筑的空间尺度中含有可依托的安全感。在公共空间活动的人们，从心理的安全性需求来说，并不是越开阔、空间尺度越大越好，人往往不会站或坐在商场的大厅中央或是广场的中间位置，因为这些空间缺乏安全性，人的视线总是朝向一个方向，人们对身后的未知情况缺乏安全感。例如，在火车站和地铁站的候车厅或站台，人们一般不会停留在最容易上车的地方，而是选择靠墙或柱子的位置，适当地与人流保持距离，在墙或柱子旁边的人们拥有了安全性空间尺度，感到有了依靠。

4. 形状的心理需求

由各个界面围合而成的室内空间，其形状特征常会使活动于其中的人们产生不同的心理感受。万神庙室内的圆形空间并不大，当人身处其中时感受到的却是尺度的高大和圆形空间的饱满。而作为传统室内空间的矩形空间，具备与生俱来的优势，直角的室内空间方便家具布置，方位感明确清晰。此外，以三角形为主的多边形空间具备方向上的不确定性，空间感受常富有动态和灵活多变之感。建筑大师贝聿铭在美国国家美术馆新馆的中庭设计中选用了三棱柱体空间，他在评价该设计时认为，三角形空间作为多灭点的斜向空间常给人以动态和富有变化的心理感受。在现代建筑设计中，力求展现时代精神和前卫思想的建筑设计师常会选择这种做法。

9.3.3 空间尺度的设计

1. 以使用者的人体尺度和行为尺度为设计原则

设计空间尺度不是单纯地设计建筑构件的距离，来提供空间的尺寸，而是从使用者的人体尺度和行为尺度出发，坚持以人为本的原则，充分考虑人在空间中的视线点、视距、视角以及使用空间时的亲近度等多方因素。从大空间环境到近尺度的材料肌理的设计都要创造良好的尺度感，并且应充分考虑使用者的行动轨迹如在走廊、会议室、电影院的疏散空间等，使用时情况往往不是静止不动的，人的步行宽度、峰值人员数量都应综合考虑。

2. 以人的心理需求为设计要求

建筑设计师应从使用者的心理角度出发，思考使用的流程、频率、密集程度和空间内的心理变化等综合因素。心理学家将促使人类某种行为但不为当事人所知的内在力量称之为本能，建筑设计师就应从这种本能的角度思考。人需要坐下休息、走动、拿取、交流等一系列动作，建筑设计师需要确定这些空间尺度在使用中给人的感受是舒适的，甚至舒适到没有觉察到空间的大小和形状；而办公空间中除了最基本的人体尺度，还要考虑个人空间等相对私密性的心理需要，做到互不影响又便于交流。而博物馆需要有充分的展示空间尺度，同时保留参观者的必要交通流线尺度。确定这些心理需求之后，设计即可顺利地做出调整，完善要求，满足不同建筑空间使用者的心理需求。

3. 适当利用建筑构件来凸显或缓解尺度差异

建筑空间无论是室内还是室外，有时尺度惊人，有时尺度微妙。建筑设计师会适当地运用建筑构件或其他的目标物来凸显或缓解尺度夸大的感受。例如，哥特式教堂本身具有宗教建筑的神秘色彩，其夸大的高度意在体现上帝与天堂；在教堂室内空间的设计上，通过竖向装饰，来凸显这种高耸感。而在小特里亚农宫（图9-8）的立面设计中，建筑师用了一系列尺度的对比手法来缓解宫殿的大尺度，使它看上去更加尺度近人，适合居住。建筑正立面的入口楼梯因占据了一层高度而缓解了建筑的总高；不充分的柱式削弱了开间的宽度；开窗方式更接近于民用住宅的立面开窗；入口处人视高度上又设计了亲切尺度的栏杆，使人靠近时不显得尺度巨大。这一系列连续的尺度对比，共同完成了小特里亚农宫从宫殿到乡野住宅的尺度转变。

图 9-8 小特里亚农宫

9.4 建筑尺度

9.4.1 建筑与外部的尺度关系

建筑设计师在进行建筑设计之前要进行详细的调研，这个调研包括多方面的内容，其中重要的部分包括场地条件、基地周边现状、规划与设计红线等，各地对于区域内建筑高度也有不同要求。例如，故宫周边的新建建筑高度不允许超过故宫内部的视线可见高度，也就是说在故宫内部步行时不应看见宫墙外的现代建筑。建筑设计师除了需要对高度有严格把控之外，还要考量建筑整体尺度，将建筑的整体外观形象作为设计方案的关键。在进行建筑尺度设计时，应首先对建筑物各个结构之间的尺度以及尺度层次进行充分研究。例如，通常高层建筑设计时包括裙房、主体楼宇和顶部设计，那么裙房与街区的尺度过渡、裙房与主楼的尺度衔接以及主楼与顶部的尺度都应详细考虑。一般的民用建筑和公共建筑设计主要考虑相邻建筑的周边条件，如街区尺度、道路宽度、南向建筑的光遮挡、相邻建筑的主要人车出入口等。

9.4.2 建筑与内部的尺度关系

"尽管有其他艺术为建筑增色，但只有内部空间，这个围绕和包围我们的空间才是评价建筑的基础，是它决定了建筑物审美价值的肯定与否定。"

——布鲁诺·塞维

建筑的历史可以看作是一部室内空间形态演变的历史。从古希腊神殿封闭、神秘的空间，到古罗马完整的静态空间，再到早期基督教为进行宗教活动，而具有明确方向性的动态空间；从高耸的哥特空间，到文艺复兴比例精美的亲切空间，再到巴洛克的多变自由空间，以及现代建筑中的流动空间。人们对空间的理解和认识逐渐全面且深入，但都围绕室内的限度空间进行研究。建筑设计与内部的空间尺度关系密切，通常反映在以下几个方面。

1. 建筑功能

与建筑内部尺度关系最直接的就是建筑功能，不同建筑功能的要求就像不同事物的容器，需要严格按照需求设计。而在一些特别的建筑案例中，也有一些含蓄的表达功能的手法。金泽 21 世纪美术馆（图 9-9）由日本建筑师妹岛和世和西泽立卫共同设计，没有将建筑功能直接地展现出来，而是将其平面布局完全遮盖在一个正圆形屋盖下面，整个美术馆的外观是巨大的扁平圆柱形，封闭的弧形玻璃幕墙没有将参观者拒之门外，反而是通透的玻璃给人以一探究竟的吸引力；美术馆的内部被布置成多个尺度不一的建筑功能用房，形成扁平的大尺度圆柱体，有些参观用房的高度已经高出了屋顶，在扁平屋盖的遮掩下，这些本身高大尺度的参观用房，并不显得尺度巨大。这是由于建筑功能受到建筑本身的小尺度保护，而显得功能用房尺度也非常合理。美术馆极尽扁平的外观造型试图削弱建筑整体的尺度感，内部透出来的白亮墙面在娓娓讲述它轻薄的体量，内部数量极多的立柱由于尺度的细和矮，在自由的空间尺度中仿佛丛林一般灵动。

图 9-9　金泽 21 世纪美术馆

2. 建筑结构关系

建筑的内部空间尺度与结构的关系密切。在框架结构的建筑中，通常会设计与结构柱网尺寸相同的开间尺寸；高层建筑的柱网尺寸设计通常还会考虑地下车库的使用率而常常布置成车位宽的整数倍数，如 3×6m、2.5×6m，所以框架结构的柱网会设计成 6m、7.5m、8.1m、9m 等尺寸；当设计自由灵活的商业空间时，通常隔断的位置会设计成与结构柱重叠，进而减少结构对于空间的影响。在剪力墙结构的建筑中，常将剪力墙直接作为空间尺度的划分隔墙，如多层学生宿舍中，将每间宿舍的开间尺度直接作为剪力墙的位置设计。

建筑室内空间和隔墙按照建筑的结构布置是常见的布局方式。如图 9-10 所示，在埃森曼 2 号住宅轴测图中，建筑师将相对规整的立方体分成了若干相似的空间，在各个空间中利用空间构成手法逐个推敲，有开敞有封闭，针对不同的要求进行功能和流线设计，利用结构与立方体的九宫格构图相重叠，最终形成复杂的连锁空间，既满足居住功能的尺度要求又符合结构要求。

3. 心理感受

严谨的几何形态空间给人的感觉是完整、规矩、正式的，而不规则的空间给人以多变、

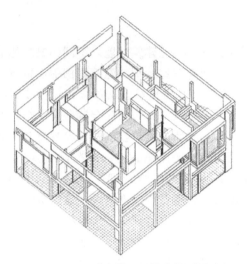

图 9-10 埃森曼 2 号住宅轴测图

灵活、丰富的感受。除了形态的不同能给人带来不同的心理感受，空间的围合形式也能给人带来不同的心理效应。为了提供宽敞的视野，居住空间通常会设计尽可能大的开窗，朝向更好的视野，使居住空间尽量充满阳光。密斯·凡·德·罗塑造了不少通透空间的典范。如巴塞罗那世博会的德国馆，用几近通透的空间展示着流动的、内外互相渗透的空间尺度。而在范斯沃斯住宅（图 9-11）的设计中，尽所能减少室内装饰，以达到"少即是多"的建筑理念。然而，在住宅设计中免去了一切的不必要的构件，凸显着建筑的现代感，这种略显空旷的住宅室内设计，在心理上难免给人过于空白而缺少人情味的感受。

图 9-11 范斯沃斯住宅

9.5 设计任务

9.5.1 空间设计

1. 教室空间设计

任务要求：设计面积为 50m² 的教室。平面内合理设计门窗位置、个数，合理设置桌椅的摆放，要求门窗尺度数据符合建筑设计规范，教室内家具的摆放符合人体尺度和师生的教学使用；过道空间的尺度应适合学生学习和通行。绘制教室平面图、室内立面图，重点关注教室的长宽比，以适应黑板的最远视线距离和黑板对首排两侧座位的反光影响。

2. 独立空间设计

任务要求：设计面积为 25m² 的客厅及 12m² 的卧室各一个，可适当增加阳台和过道。设计内容包括客厅空间如沙发、电视墙及茶几、连接客厅的阳台；卧室空间如双人床、床头柜、衣柜等家具；按照人体尺度和家具尺度进行设计。绘制房间完整平面图。

9.5.2 住宅户型设计

任务要求：设计面积为 65、90、110、140m² 的住宅户型各一个，分别为一室经济型小户型、二室和三室普通户型和四室大户型套房，要求设计内容符合建筑设计规范，建筑面积即为套内面积，不考虑公摊面积。同时设计人体的动态空间所需尺度，具体要求如下。

（1）参照人体站、坐尺度，设计家具尺度、室内考虑窗地面积比、符合基本生活使用要求。

（2）参照人体行为习惯，设计卧室、客厅和餐厅流线，储藏空间高宽尺度，参照设计规范校核。

（3）设计案头工作的书桌高度。

（4）设计厨房上部吊柜高度和把手位置，合理设计阳台、卫生间等生活辅助用房的使用尺度等。

9.5.3 人体尺度抄绘

任务要求：在网格纸上抄绘人体尺度，如图 9-12 所示，掌握常规人体动态尺度。

【人体尺度】

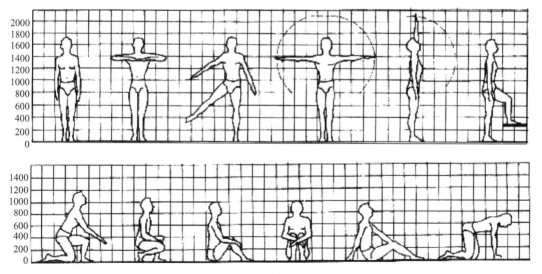

图 9-12 人体尺度

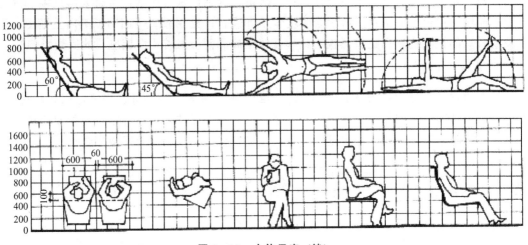

图 9-12 人体尺度（续）

本章小结

本章主要讲述建筑尺度的概念、范畴，以及相关的人体尺度和建筑的空间尺度。通过本章学习，使学生了解人体尺度的标准和空间尺度的特点，进而掌握尺度对建筑空间的控制，通过讲述建筑室内外的尺度关系，确定建筑设计中的尺度感和尺度原则。通过对建筑范例的解读掌握当前的建筑设计尺度标准。

习 题

1. 设计训练

（1）在生活空间内，对身边的建筑空间尺度进行调研，并填写表 9-1、表 9-2、表 9-3。参考实际的空间尺度，思考与设计尺度是否相同以及出现差别的原因。

表 9-1 空间尺寸一览表

内 容	维 度		
	长	宽	高
居住空间			
卫生间			
教室			
商场大厅			

表 9-2 空间尺度调查表

空间类型	项目	维度		
		长	宽	高
居住空间	床			
	桌			
	柜			
卫生间	洗手台			
	蹲位			
	淋浴			

表 9-3 门窗尺寸一览表

项目	位置（距墙）	维度		
		长	宽	高
门				
窗				

2. 思考题

（1）人体平均身高不到 2m，为何普通住宅的室内空间高度为 2.7~2.9m？

（2）思考生活中还有哪些空间尺度远大于或远小于使用者的本身尺度，试分析原因。

（3）党的二十大报告指出："加大文物和文化遗产保护力度，加强城乡建设中历史文化保护传承，建好用好国家文化公园。"为保护建筑文化遗产和城市空间，请结合教材中建筑尺度的相关内容，思考在建筑文化遗产和现代建筑共存的城市空间中，应如何处理建筑与外部空间的关系。

第10章 建筑功能

教学目标

本章主要讲述建筑功能的概念、背景、历史演变及建筑功能的分类、设计要素和设计方法。通过本章学习,应达到以下目标。

(1) 熟悉建筑功能的概念及理论渊源。

(2) 掌握建筑功能的要素和设计方法。

(3) 能够完成简单功能的建筑设计。

思维导图

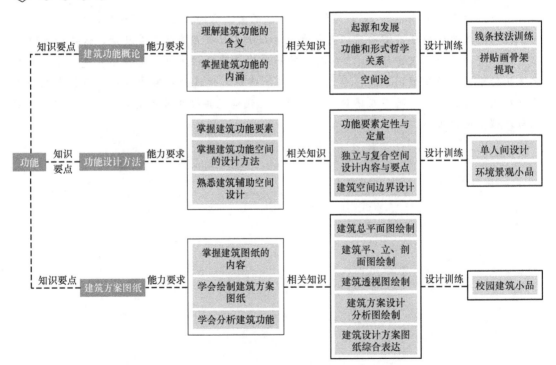

引言

建筑学科的发展是建立在建筑的功能发展基础上的。建筑功能是建筑最原始的作用,也是研究建筑设计的源头。建筑设计能力的提高有必要建立在对建筑功能的充分掌握和理解的基础上，理解建筑本质是为人所服务的，将建筑设计的最高要求建立在功能设计的合理性上。

10.1 建筑功能概论

10.1.1 渊源

在人类文明中，早在公元前3000多年前就有关于神庙建造的记载，这时期的建筑体量之大，形式之完备是前所未有的。但一直到古罗马文艺复兴之前，人类文明并没有建筑师这一职业。因为在古代文明中，大型的建造活动都由国王或君主主宰，建筑的形态和功能分布完全由国王或宗教权利决定。无论是西方还是东方，君主需要利用空前的建筑体量和过度夸大的空间来体现自身的独一无二、无上强大，巩固自己的地位。所以在这个时期，建筑的功能远不及形式重要。

古罗马时期，建筑的尺度逐渐演变得更具亲近感，然而，在这样一个普世众神的时代，公共建筑的尺度还是远大于私人住所。与古希腊不同的是，这一时期的建筑形式不再强调高度和柱子的粗壮，转而探索穹顶的跨度，这就要求建筑的施工具备更加先进的技术。在这一时期，人们总结出建筑应当具备的三大要素：实用、坚固、美观。这一观点的提出，几乎影响了人类社会的建筑发展至今。其中，实用，指建筑的使用性，即功能性；坚固，指建筑的结构施工，即技术性；美观，指建筑的造型感，即艺术性。而在这个时期，建筑的艺术性和穹顶施工的技术性都明显比功能性更重要。这种重视程度一直到了文艺复兴时期才被重新审视，转而倾向建筑的功能性和比例的和谐性。

美国现代主义建筑大师沙利文提出了"形式追随功能"的著名口号，这一口号的提出不仅为火灾之后芝加哥的城市重建指明了方向，也为近现代建筑的建筑设计提出了明确的要求：人类的建筑行为应该弱化精神追求，朴实的建筑学应该是为大众服务的，建筑的形式应当由功能要求而来，更加强调了建筑功能的重要地位。

建筑学发展至今，在后现代主义之后，又涌现出了纷繁多样的风格和流派。其中，对于建筑功能的观点冲击较大的有高技派、解构主义及近年来风靡年轻建筑师群体的非线性建筑和人工智能设计等，代表人物有弗兰克·盖里、扎哈·哈迪德等。这些依托先进技术的流派和前卫的建筑师们开始逐渐探索建筑功能以外的可能性，如人类的心灵需求、技术所能完成的极限等。

10.1.2 哲学关系

从哲学的角度出发，探讨建筑的功能和形式，本属于两个探讨范畴。它们一个指建筑的使用，一个指建筑的形象；一个是精神，一个是表象；一个是内，一个是外。从这个层面来看，建筑的功能性和外部造型是同样重要的，并不存在一个追随另一个。而从建筑这个独特的概念去思考，事实上，建筑的灵魂是空间。空间是留给人使用的，也就是说，建筑的最高目的，是人的使用。如此看来，形式的确是跟随功能的。

所以，建筑的功能和建筑的形式是对立而统一的。然而在现代建筑学中，已经出现了

建筑设计基础

不同的声音，解构主义力求拆解建筑的形体构件，探索建筑形式重新组织的可能性，这显然不以建筑功能为主要目的。所以，建筑设计的目的和意义总会随着时代的变迁而发生微妙的变化，但为人所用这一点，是从来不曾改变的。

10.1.3　空间论

"故有之以为利，无之以为用。"《道德经》中的"有"指实体，如墙体；而真正使用到的是"无"的空间，来承载人的行为活动。当今社会，建筑物确实更像是一个个容纳人群各种行为的容器。一个房间或厅堂，它完全可以和容器相类比：容器的功能就在于盛放物品，不同的物品要求不同形式的容器，不同的人的行为需要不同形状的空间来容纳。

在建筑物外部，建筑物同样控制着一定的空间范畴。例如，人民英雄纪念碑周围的空间也让人感觉庄严、肃穆；古塔控制着周围一定范围内的无形空间，让人们在古塔的外部空间就感觉到庄重的气氛。走进一个空间领域时会感到庄严、肃穆甚至震撼，这就是建筑对其外部空间的控制。

建筑对内外空间的这种包围性和控制性就是建筑本质的空间属性，而这种空间的属性，又来自建筑本身具备的功能。如建筑围合的是教学空间，功能名称即为教室；建筑控制的外部的庭院空间，功能名称即为庭院。

10.2　建筑功能的设计方法

对于建筑师来说，关注的范围小到单体建筑、大到建筑群。而建筑师的工作不仅限于此，还应将视野放到更宏观的角度，需要关注一个街区、一个城市、甚至一个国家。传统的建筑设计中，建筑的功能相对单一，如古罗马的角斗场的功能是供皇室和大臣观赏角斗之用，北京故宫太和殿的功能是皇帝早朝及决定国家大事的办公场所。这样相对单一的建筑功能随着人类社会的快速发展，逐渐被体量庞大、建筑功能越发复杂的多功能建筑单体或建筑群所取代。例如，常见的城市综合体的功能包括商业裙房、电影院、餐饮、幼儿教育、后勤办公、行政用房、高层写字楼甚至地下停车场。建筑设计师的任务就在于如何组织这样一个无比庞大、无比复杂的内外空间，并且使之适合人的要求。

10.2.1　室内功能要素

所谓内容决定形式，在建筑中主要就是指"建筑功能"。建筑的功能定位要求与之相适应的空间形式。建筑的功能，来自使用者的需求、政府对城市用地的规划等。建筑空间形式必须适合于功能要求，表现为功能对于空间形式的一种制约性——也就是功能对于空间的规定性。

1. 规模——量的规定

建筑空间的设计根据使用者的人数、使用行为和建筑物高度而确定，如商场的面积取决于该城市或区域内的预计使用人群，即日均人流量；普通教室的面积根据每班平均学生数量来确定；对于卫生间，除了要计算整栋建筑的高峰使用人数，甚至还要预估使用人员的男女比例，共同来计算得出。

不同使用人数和行为范围可以直接导致建筑设计的规模不同，各类建筑的空间规模大小完全依据建筑使用者的规模。

例：平均每班 50 人，人均使用面积为 $1.1m^2$，应如何设计 12 个教室的中学？

这里首先计算总的室内使用面积 $12×50×1.1m^2=660m^2$，再加上适当的交通楼廊，即可设计合理的教学空间。

2. 空间造型——形的规定

像小提琴盒有小提琴的形状，蜂巢有蜜蜂居住和活动所需空间一样，建筑应该具备该建筑使用者和他的行为相符的形状，除了面积之外，建筑空间的形式也可以高度地决定一个建筑空间的使用性。

在会议室的内部空间设计中，只需考虑参加会议的人员数量，合理布置会议桌以及投影设备，但同时需要满足最远者的视线距离能看清投影屏幕；而在设计幼儿园内部空间时，应知道幼儿静止时所需空间并不大，但幼儿活动时需要较大的空间范围，同时，考虑幼儿的日常活动，设置合理的围合式幼教环境，与会议室相比较，明显出现了不同的房间长宽比，也就会导致不同的建筑空间形状。

例：拟为某中学设计 12 间面积约为 $50m^2$ 的教室，教室的形状应如何设计？以下选项中，哪种更合理？

(1) 5m×10m。(2) 6m×8m。(3) 7m×7m。

在此设计中，首先应考虑最远的学生视线距离和首排两侧学生看黑板时光反射情况，(1) 中长边 10m 较长，末排观看黑板距离过远；(3) 中宽度为 7m，如长边也为 7m，首排两端坐席与黑板对边将形成极小角度，易产生反光，影响教学。综上分析可以得出答案，较合适的选项是 (2) 6m×8m。

3. 门窗设计

门的功能是供人通过，所以门的尺度原则上只要符合人类的身高即可。但有一些门的设计仍然要考虑到宽度、开启方向、开启形式等。此外，有一些因使用者的尺度特别而影响到门的设计尺度，如大型动物的饲养场所的门通常比常规的门高，大型运输货车的车库门通常比普通车库门要高得多。

(1) 门的设计。

建筑设计中，门的数量与房间功能和使用者人数有关。

普通住宅的房间如卧室和书房等功能空间通常设计 1 个门供使用者出入；而人员密集场所均需设计至少 2 个门，例如教室、报告厅等。在使用面积上，我国建筑设计规范有详细要求，通常民用建筑的室内使用面积超过 $50m^2$ 时需设计 2 个门。

门的设计的重要因素是位置设计与使用人数。门的位置设计应考虑室内家具的摆放和使用者活动习惯。通常住宅内的门设计时多考虑将门靠在墙的一侧，保证有更多的连续墙面摆放床、柜等家具；但在特殊建筑类型中，如医院病房门的设计不仅要考虑病床推入推出所需的宽度，还可将两侧布置病床，门居中设置；在学校的集体宿舍中，门的设计应尽可能考虑房间内学生床铺的数量和距离，房间门设计在墙面中间时，可以在两侧摆放床铺，并保证床铺之间的距离，给学生带来一定的私密性。使用人数较多时，需设置门的数量为两扇或两扇以上,如教室或会议室等人员密集场所,应在超过5m的距离设置两扇或两扇以上的疏散门,作为逃生出口使用。

(2) 窗的设计。

除了少数建筑的房间可以采用人工照明和设有空调装置外,一般的建筑均需开窗接纳空气、阳光,这也是保证房间使用功能要求的一个重要方面。窗如何开、窗面积的大小都应视房间的使用要求来确定。窗的形式一般分为侧窗、高侧窗、天窗等,一个房间可以沿其一侧或对向来开窗。

窗的开启形式包括内开窗、外开窗、平开窗、推拉窗、上悬开窗等多种形式。窗的位置设计应考虑房间的进深与窗高比,即假设窗上沿距地面的距离是 H,那么房间深度通常不超过 $2H$,当然此时开窗为普通矩形窗;当开设的洞口极小,也就是常用的高侧窗时,应严格按照建筑设计规范来设计房间进深。当房间开双面侧窗时,同样应满足此要求,中小学教室设计通常采用此类开窗设计来增加室内照明。另有一些特殊建筑,如大跨度工业厂房,需增设天窗来缓解双侧开窗无法满足进深过大的问题,并且将大厂房空间中的上部热空气排到室外。

窗地比是确定开窗洞口大小的标准。开窗面积大小,通常都是根据房间对于亮度的要求来决定的。亮度要求越高,开窗的面积就越大。对于一般民用建筑来讲,通常把开窗面积与地板面积之比称为采光面积比。不同使用要求的房间,其采光面积比也各不相同,例如居室为1/8,陈列室为1/6。如图10-1所示,室内窗地比中开窗面积假设为 A,地板面积假设为 B,右图所示为窗地比约为1/8。

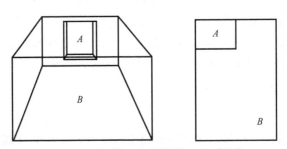

A-开窗面积;B-地板面积;A/B-窗地比

图10-1 室内窗地比

对于采光要求不高的房间,可采用砖混结构,其开窗面积即可达到要求。日常设计中,常见于学生宿舍、普通多层住宅设计中。

对于采光要求较高的房间,为了争取较多的开窗面积,一般应采用框架结构,即柱承重结构体系,如会议室、办公综合体设计中。

在某些情况下,为了争取最大的开窗面积,可以把窗从建筑的维护结构分开设计,从而把整个墙面全部用作开窗面积。这种做法早在20世纪初期近现代建筑开端阶段就在欧洲出现,如萨伏伊住宅中的自由立面设计。

4. 朝向设计

为争取必要的阳光照射,以利于人体健康,同时又避免烈日暴晒,某些房间应争取良好的朝向;另一类房间由于功能方面的要求不允许阳光直接照射,也应该选择合理的背阴朝向。设计不仅要看房间的使用要求,而且还要看地区的气候条件。

对于地球来说,太阳运行的规律是自东向西,但不同季节太阳运行的轨道有很大差异,主要体现在太阳高度角上,如图10-2所示,为我国北纬40°的日照情况。理想的朝向既可保证日照又可获得自然通风。而不同性质的房间因使用要求不同,应争取合适的朝向。例如,普通住宅中的主卧室需要尽可能朝南布置,这也是我国多数地区的最优朝向;此外,幼儿园的活动室、各种会议室等都对朝向有较高要求;而美术室因需要恒定、稳定的光照,设计时尽可能朝北布置;中小学的化学实验室、科研院所的化学品陈列室,都因一些化学药水的畏光性而尽可能朝北布置。

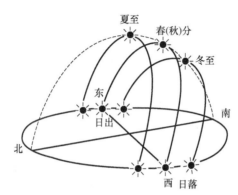

图10-2 我国北纬40°的日照情况

朝向问题不仅关系到日照,还关系到通风。合理的朝向在夏季可以争取充分的自然通风,而在冬季又可以避免寒风侵袭,这与国内各地风玫瑰紧密相关。

此外,建筑的使用性也影响各房间的朝向设计。例如,在五星级酒店设计中,餐饮部分主要考虑使用者的大厅、包房设计和厨房空间的设计,其中厨房部分因避免与客人流线交叉干扰,应避免设置在该酒店的正立面朝向,并考虑该地区的风玫瑰,将厨房的油烟风道设置在整个基地的下风区。

10.2.2 功能空间设计方法

在建筑学专业基础教学中,应主要关注室内外空间的设计和组织,本节内容着重剖析建筑内部的简单空间设计。

1. 单一空间的形式处理

单一空间是构成建筑最基本的单位,在分析功能与空间的关系时,建筑师应从单一空间入手,研究建筑的处理形式与人的精神感受的联系。

2. 空间的体量与尺度

一般室内空间的体量主要是根据房间功能要求而确定的,室内空间的尺度感应该与房间的功能性相一致。如居室空间只要保证功能的合理性,即可获得恰当的尺度感。而对于公共活动来说,过小或仅仅够用的空间会使人感到局促或压抑,并且有损于它的公共性。一些特殊要求的建筑,如北京人民大会堂万人大礼堂,从功能上要求可以容纳一万人集会,从艺术上要求具有庄严、博大、宏伟的气氛,这些特点都要求建筑的尺度巨大,从功能上与精神上要求也是一致的。

而一些宗教建筑，其宗教的功能特性要求建筑具有异乎寻常高大的室内空间体量，这主要不是功能使用要求，而是由精神方面的要求所决定的。

在建筑设计的空间组合中，各部分空间的尺度感往往随着高度的改变而改变。例如，有时因高耸、宏伟而使人感到兴奋、激昂；有时因低矮而使人感到亲切、宁静；有时甚至会因为过低而使人感到压抑、沉闷。巧妙、合理的利用这些情感的变化并与各部分空间的功能特点相符，则可以获得建筑师预想的效果。

3. 空间的形状与比例

空间的形状首先必须符合功能使用的要求，但在满足使用要求的前提下，还应当考虑人的精神感受方面的要求。在设计空间形状时，必须把功能使用要求与精神感受方面的要求统一起来考虑，使之既适用又能按照一定的艺术意图给人以精神上的感受。

所谓的空间的大小是指长短高三个维度的具体数据，而空间的形状就是指长宽高三者的比例关系，即沿 X、Y、Z 轴三个方向的长度比。

窄而高的空间会使人产生向上的感觉，高耸的哥特式教堂（图 10-3）就是利用它的空间特点来形成宗教的神秘感；细而长的空间会使人产生向前延伸的感受，利用这种空间可以营造一种无限深远的气氛；低而宽的空间会使人产生侧向延伸的空间感受，利用这种空间可以营造开阔、博大的气氛，但如果处理不当也可能产生压抑感受。为了适应某些特殊的功能要求，或者由于结构的原因，还会出现其他形状的建筑空间。某些城市中的现代雕塑、或建筑小品中的异形空间，由于它们的形状不同给人以不同的感受。设计时如果能够充分利用各自特点，同样可按照一定的艺术意图带给使用者特定的感受：如教堂穹顶的中央高两侧低的设计，拱形的展览空间、夸张的不规则展厅等。

【哥特式教堂】

图 10-3 哥特式教堂

4. 空间围、透关系

在建筑空间中，围，指围合，形态封闭；透，指通透，形态开敞。围与透的作用是相辅相成的。只围不透的空间诚然会使人感到闭塞，但只透不围的空间尽管开敞，处在这样的空间中犹如置身室外，这也违反建筑行为的初衷。因而对于大多数建筑来讲，总是把围和透这两种因素统一起来考虑，使之既有围、又有透。

面对高山峻岭就会感到阻塞，面对大海就会感到辽阔、开朗。空间的开敞或封闭会影响到人的情绪和精神感受，在建筑空间上要妥善处理围与透的关系。

古埃及神庙通常设计成四壁封闭的建筑，其内部空间极为封闭，这有助于创造神秘气氛。而中国传统建筑的特点是对外封闭、对内开敞，并随着情况不同而灵活多样。如图 10-4 所示，中国传统的合院式空间中，外墙的完整闭合是对街巷空间的封闭；内院中正殿前的柱廊、前后檐廊等形式在表达对内的开敞；而作为透的门窗等洞口要素，自然面积越大、形状越开阔，越能获得开敞明快的感觉。

图 10-4 合院式空间

5. 内部空间的分隔处理

一个单一空间，如单人间宿舍，不存在内部分隔的设计。但由于结构或功能的要求，需要设置列柱或夹层，就要把原有的空间分隔成若干部分。柱间距越小，柱身越粗，这种分隔感就越强烈。

如在林肯纪念堂大厅（图 10-5）中，利用两排列柱把空间分隔成相互连通的三个部分：中间宽度较大空间的大厅和两侧宽度较小的展厅。对于每一列单排柱来说，又将一侧的空间分隔成大小不等的两个部分，大空间一侧供参观、陈列，小空间一侧作为交通联系走廊。空间分割不仅符合功能要求，还因主从分明而加强了空间的完整统一性。一般情况下，为了主从分明且完整统一，凡是采用双排列柱的，一般都将列柱沿主厅两侧布置，以保证中央部分空间显著地宽于、高于两侧的空间，以突出主体空间。

图 10-5 林肯纪念堂大厅

6. 天花、地面、墙面的处理

建筑空间通常由面围合而成，而多数空间是由六面体组成（天花、地面、墙面）。天花作为空间的顶界面，最能反映空间的形状和关系。有些建筑空间单纯依靠墙或柱，很难明确界定出空间的形状、范围和各部分空间之间的关系，但通过天花的处理则可以明确地将这些关系联系起来。此外，天花的设计也可以让使用者易于察觉的空间特征。

许多的酒店大堂设计，为了突出主从分明，在天花设计中强调主要空间的位置，并形成一个中心，加强空间完整性。人民大会堂万人大礼堂，通过天花处理形成一种集中和向心的秩序，还使圆形空间的关系更加明确、更加肯定；室内比赛场馆的巨大室内空间，易显得空间不够集中，但通常利用一块集中处理的天花，其中有些结合大型四周投屏，做天花下垂设计，立刻产生集中感，无论身处观众席的任意角落，都可瞬间感受到场地的中心位置。

天花设计还可以通过一些灯具的设计处理，造成一种秩序感。柏林犹太人纪念馆新馆室内（图10-6）设计中，通过天花的灯带，将人的视线和参观流线确定地指向某个方位，起到了引导作用。

天花与建筑结构的关系（图10-7）十分密切，在处理天花的时候，应充分利用结构的特点，可以获得优美的空间效果和韵律感。如木结构的屋面、地铁空间的拱形结构、古建筑中井梁的凹凸变化形成的藻井，都是结构关系的良好体现。

图10-6 柏林犹太人纪念馆新馆室内

图10-7 天花与建筑结构的关系

10.2.3 建筑辅助空间设计

1. 灰空间

建筑设计中常提到一个名词——灰空间。该名词最早由日本建筑师黑川纪章提出，本意指建筑与外部环境之间的过渡空间，以达到室内外融合的目的，如柱廊、檐下等。现代人的都市生活远离原野，愈加渴望建筑与自然之间存在着一种浑然天成的一体性。这种一体性的空间在一定程度上抹去了建筑内外部的界限，使两者成为一个有机整体，空间的连贯性消除了内、外空间的隔阂，给人以自然有机的舒适感。在满足建筑室内、室外功能要求的基础上，图10-8所示的灰空间会使建筑锦上添花，更加灵动、宜人。

图 10-8 灰空间

2. 交通空间设计

交通空间设计在复杂功能的建筑设计中虽不如功能用房的重要性高，但合理有效的交通空间设计会提高建筑的整体实用性，使建筑各功能用房之间有效连接，路径流畅，降低干扰，并适当地增加建筑整体的个性和趣味性。

例如，在火车站、城市客运站等城市交通枢纽建筑中，交通空间应尽量宽敞，减小拥堵和干扰；在枯燥的交通空间中，增加绿化和小品等节点设计；在机场候机厅等超大尺度的空间中，利用天花板的设计，巧妙地化解交通空间的空旷感；在博物馆和展厅空间中，交通空间设计应保留观展的功能性，同时具备路径的引导性。

10.3 建筑方案图纸的综合表达

10.3.1 建筑平面的表达

1. 总平面图（图 10-9）

总平面图主要包括三个内容：①新建区域的总体布局，如用地范围、各建筑物及构筑物的位置；②建筑标高，如首层室内地面、室外地面绝对标高；③其他相关内容，如建筑物的高度、层数、可视地面铺装、指北针及风玫瑰图等。

2. 平面图（图 10-10）

平面图是将新建建筑物或构筑物的墙、门窗、楼梯、地面及内部功能布局等建筑情况，以水平投影方法和相应的图例所组成的图纸。平面图包括明确的轴线关系、结构构件及建筑内的家具和建筑外的高差、绿植等。为体现建筑的空间，有些时候还需要制作模

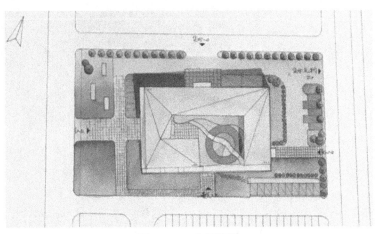

图 10-9　总平面图

型，并在需要上交的图纸中附上模型照片。当平面柱网出现特殊的角度变化时，可根据具体情况调整图纸的表达，以清晰易懂为好。

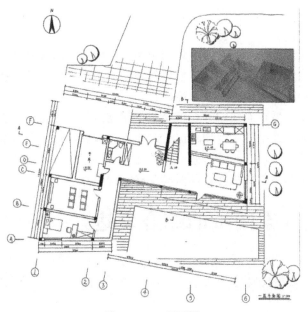

图 10-10　平面图

10.3.2　建筑分析图的表达

分析图（图 10-11）是建筑表现图中不可缺少的部分，常常能起到锦上添花的作用，通常可做功能分析图、流线分析图、空间分析图、体量分析图等。学生制作的分析图中，低年级分析图［图 10-11（a）］以功能分析、体块分析为主，要求简洁明了；高年级分析图［图 10-11（b）］内容复杂，涵盖面丰富，较常见的有各层功能分析爆炸图。

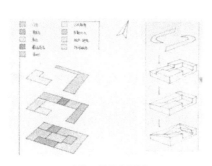 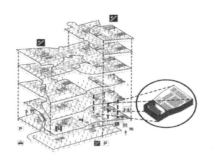

(a) 功能、体块分析图　　　　　　　(b) 各层功能分析爆炸图

图 10-11　分析图

10.3.3　建筑立面、剖面的表达

1. 立面图

立面图（图 10-12）要求有建筑各方向的无透视效果，有阴影表达立面的凹凸关系，用配景表达立面尺度，包括地面线和高差、中庭、内院等内容，重点表达建筑的外立面开窗方式、墙面材料、肌理等特点。

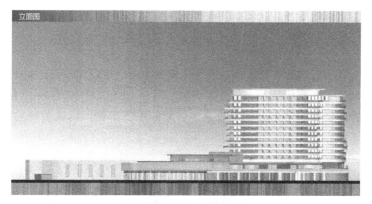

图 10-12　立面图

2. 剖面图

剖面图（图 10-13）要求有剖切线与可视建筑构件、剖面标高、线条粗细的区分，实墙部分为闭合封闭线圈，剖面图和立面图都应有图称、图号和比例。

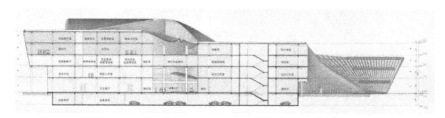

图 10-13　剖面图

10.3.4 建筑方案透视图

建筑方案透视图（图 10-14）主要表达建筑的整体设计风格，通常从主要入口方向选取最佳角度，以能够体现建筑最佳特色之处进行绘制，加以适当的配景衬托比例关系，并体现出场地的外部环境，是建筑外部造型最直观的表达。

【建筑方案透视图】

图 10-14 建筑方案透视图

10.3.5 建筑局部透视图

当建筑内部有较为特别的空间，且在平面图和立面图中难以表达时，如倾斜的屋面，此时应加画建筑局部透视图来补充表达。建筑局部透视图（图 10-15）应有较清晰的表达视角，人视高度最佳，能够体会空间特点。低年级学生可制作手工模型，以模型照片替代建筑局部透视图。

图 10-15 建筑局部透视图

10.3.6 建筑设计方案图综合表达

建筑设计的表达通常运用图纸绘制，低年级学生主张从尺规作图到徒手绘制的过渡；

高年级学生可以借助计算机辅助设计,制图软件可以实现更富有表现力的建筑方案。低年级学生的基本功还不扎实,可以尝试用线描淡彩的手法绘制平面图和立面图、用模型推敲的方法绘制透视图,综合完成一份建筑设计方案图(图10-16)。

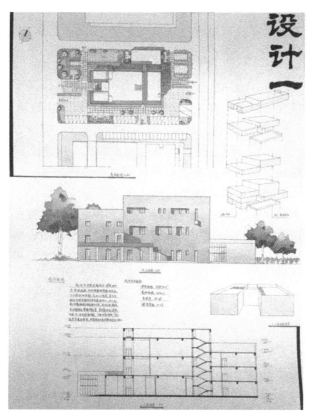

【建筑设计方案图】

图10-16　建筑设计方案图

10.4　设计任务

10.4.1　单人间设计任务书

1. 任务要求

学校拟为建筑系新生每人提供一间宿舍,为了最大限度地满足学生的居住要求,学校希望每位同学根据使用者的生活习惯和兴趣爱好,对房间布局进行设计。为了保证方案的可行性和适用性,须满足以下要求。

(1) 房间的布置应充分满足学习、休息、交往会客及储藏等基本功能需求。如学习空间要有良好的自然光照条件,休息空间要相对安静,尽量避免外部视线及噪声的干扰,交往会客空间要相对独立、完整。

(2) 房间尺寸:长5m,宽3.5m,高4.5m。墙面、地面和屋顶不可改动,门窗的尺寸根据需要自由设计，但要满足规范要求。

（3）房间内不设卫生间。

（4）可以考虑利用房间高度适度扩大使用面积，局部加建二层为 LOFT，但新增面积不应大于 7m²。

（5）室内家具、陈设的样式可根据个人需求来进行设计，其尺度应符合人体尺度要求，无须进行细部设计。

2. 过程及成果要求

（1）查阅《建筑设计资料集》有关人体尺度的相关资料。实地调研两三个相关实例。

（2）在深入分析题目的功能要求及地段环境条件的基础上，完成方案构思和模型制作。

（3）对多个方案进行系统分析、比较，确定发展方案，并进行必要的修改和调整。

（4）深化、细化设计，包括落实家具的轮廓尺寸、使用方式、位置关系，以及墙面、地面的细部划分处理和材料、色彩的选择运用。

（5）最后设计成果要求：A2 图幅，包括各层平面图、3 个立面图、2 个剖面图，比例为 1∶20 或 1∶30，有能力者加画透视图。表现手法为钢笔线条图，要求图面整洁、构图均衡、线条挺拔且粗细分层，并标注主要尺寸数据（至少两道尺寸线）和简短的设计说明。

10.4.2　环境景观小品

1. 任务要求

为在校园内给学生提供更多的交流空间，并合理结合校园自然环境，拟在校园内某处设计一个景观亭，建筑面积 200m²。充分考虑自然环境和路径关系，结合周边地块情况，突出设计特色，可适当考虑与校园文化或氛围结合。

2. 成果要求

A2 图幅，尺规、墨线绘图。总平面图：1∶300；各层平面图：1∶100；立面图、剖面图各一幅：1∶100；设计方案分析图若干；建筑方案透视图。

要求设计方案内容完整、表达清晰；充分突出设计理念、适当考虑结合环境与校园氛围；适当排版、注意图纸表现力。

10.4.3　校园建筑小品

1. 任务要求

拟在校园内部设计一个建筑小品，意在为师生提供休闲、交流的趣味性空间。要求具备室内外空间及适当的景观设计，可提供聚会场所，可供 10～15 人集中或分组交流，具有良好视野和朝向，不受道路干扰。

（1）建筑面积：室内 100m²，室外至少 50m²，半封闭空间计算一半面积。

（2）建筑空间：要求有完整封闭空间以保证冬季保温和遮蔽风雨，有灰空间以过渡和融合室内外空间，具有次序空间和趣味空间。室内空间考虑有桌椅布置，具备喝茶休息、小型会议讨论及简单就餐等功能。

（3）建筑风格：可选现代主义、极简主义风格，另可展开想象，创造灵活多变的建筑风格。

（4）建筑效果：设计时考虑立面效果，选用适当的材料和肌理。

2. 成果要求

1号图纸，墨线绘图。总平面图：1∶300；各层平面图：1∶100；立面图、剖面图各一幅：1∶100；设计方案分析图若干；建筑方案透视图。

要求设计方案内容完整、表达清晰；充分突出设计理念、适当考虑结合环境与校园氛围；适当排版、注意图纸表现力。

10.4.4　综合作业赏析

评语：如图10-17所示，该作品运用曲面翻折的设计手法，将实用性和美观性融为一体，运用有规律的曲线与地势融合，在不破坏基地的前提下，设计出合适的建筑形态。

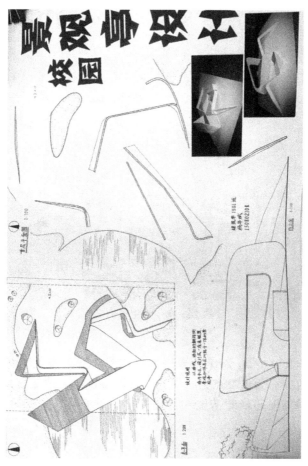

图10-17　学生作品一

评语：如图10-18所示，该作品以山势的起伏作为出发点，抽象出曲折的形态，较好地运用了韵律变换的设计手法，并考虑与周围绿化、河流、道路的关系，结合较为融洽，既遵循了景观设计的规则，又有良好的外观形态。图纸表达较好，内容丰富，排版设计合理。

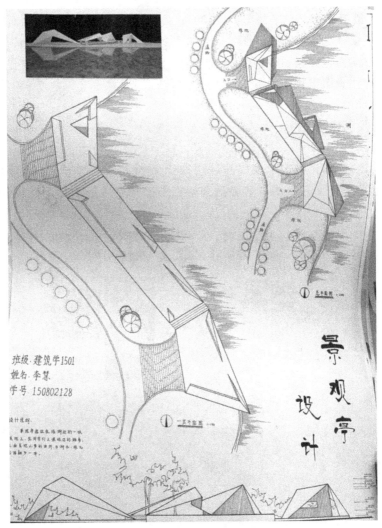

图10-18　学生作品二

评语：如图10-19所示，该作品采用木材质感来表现自然与环境融合。以考虑人物生理和心理需求两方面为出发点进行设计，可以展现出人情味。运用高低起伏的规律变化将此景观设计与周围环境和谐统一，且造型较为美观。平面图、立面图绘制准确，表达清晰。

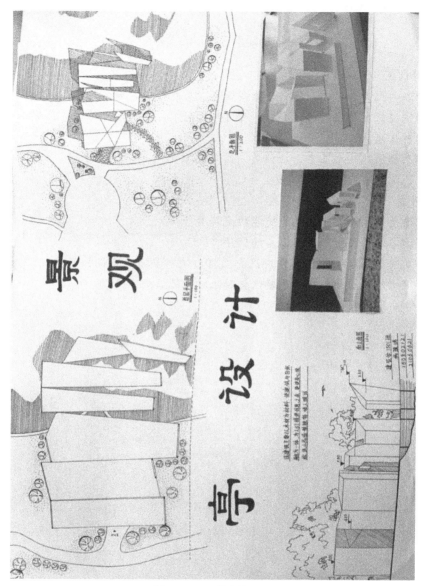

图 10-19　学生作品三

本章小结

　　本章主要讲述建筑功能的概念、范畴、分类、设计方法和趋势。通过本章的学习，了解建筑功能与建筑尺度的设计内容，理解建筑的功能与使用者的尺度关系、心理需求关系，把握建筑功能设计的基本方法。

习 题

1. 设计训练

（1）拟在学生宿舍周边加建一个微型超市，功能要求：展架区、结账区、冷藏区、储藏室，附加快递收发功能。周边要求：自行车位若干，进货车道和回车区域，适当的前后庭院和室内外休息区。

（2）拟为公园建一个茶室，功能要求：茶道展示空间、烹茶区域、制作间、柜台区、品茶包房或隔间，有室外品茶区。

2. 思考题

（1）日常生活中还有哪些复合功能的建筑类型？

（2）思考各类房间对于朝向需求的顺序。

（3）习近平总书记在文艺工作座谈会上指出"不要做奇奇怪怪的建筑"。请结合教材相关内容，思考建筑设计师进行建筑设计时应考虑的因素。

第11章 实体建构

教学目标

本章主要讲述建构的缘起、概念、发展条件，实体建构的发展、实施，以及校园实体建构的实践分析。通过本章学习，应达到以下目标。

（1）认识和了解建筑材料、结构、构造与建造相互制约的基本关系，初步掌握基本的建造逻辑方法。

（2）能够较熟练地应用形式美法则处理空间与形式的制约关系，强化实体空间的认知与体验。

（3）建立建筑与环境的基本概念，初步掌握处理建筑与场地关系的基本方法。

思维导图

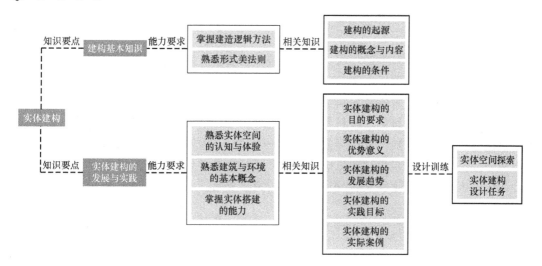

引言

从古至今，传统的建构活动代代相传，越来越受到建筑设计者的认同与重视。越来越多的国内外知名建筑院校已将实体建构纳入设计课程。在建筑设计教学阶段贯彻建构教学，通过实际的建构实践体验活动触发学生对建筑的理解与认识。

11.1 建构的缘起及概述

11.1.1 建构的缘起

在 11 世纪之前,西方国家从事建筑营造的工匠获取知识的途径主要是家传或者师傅带徒弟式的传授。到了 11 世纪,随着经济和城市的发展,各行业工匠行会逐渐兴起,有了一定的组织培训活动。工匠在长期实践中积累了大量的经验,并且能够绘制建筑的平面图、立面图和细部大样,制作模型。到了 12 世纪下半叶,社会开始分工,有专业的石匠、铁匠、木匠等,分工细化推进了建筑业的发展。这个时期的建造和设计密不可分,工匠们在实践中积累知识。

中国的情况也类似,一个有着几千年建筑传统的国家,却没有形成专业的建筑师制度,也没有所谓的建筑师职业教育,而是通过师徒传带使建筑技艺得以流传。如"样式雷",雷氏家族为皇家修建建筑,以其高超的技艺长期担任"样式坊"主管。在古代,设计并没有专门的传授,只能从建造中领悟,设计与建造二者合一,这是古代工匠学习设计的特点。

现代建筑学建构教学的源头在 19 世纪末至 20 世纪初,在工艺美术运动影响下,建筑学向技术回归,这也是建筑教育向技术靠拢的时代。在这一时期,建构教学第一次成体系的正式出现在建筑院校的教学之中,包豪斯设计学院即为这类学校的典型代表。

11.1.2 建构的概念与内容

建构是一个来自建筑学的词语,指建筑起一种构造,是对结构(力的传递关系)和建造(构件的相应布置)逻辑的表现形式。建构一词是对英文"tectonic"的中文翻译,在西方如德国、意大利、希腊和美国等国,"tectonic"一词历经产生和发展变化,它强调建造的过程,注重技术、结构、材料和表现形式等。

建构包括设计、构建、建造等内容,是一个三位一体的集合和从构思到实现施工的全过程的综合反映。从建筑设计到建成过程中,既符合力学规律,又遵循结构特征,同时也符合从艺术审美角度去审视其自身所应具有的美学法则。

11.1.3 建构的条件

建筑师需要用比例图纸来完成设计,但并不是所有学生都能轻而易举地掌握比例的真实意义。在日常学习中,学生在纸上用线条围合空间,很难形成一定的比例与尺度,因为对设计比例的控制是建立在对真实尺度的感知与把握基础上。建立与实际空间对位准确的 1∶1 比例关系,是最直接、最有效的方法。但多数建筑无法用这个比例来考察设计的可实施性。

所以在建筑学专业教学中,常用合适的微缩比例或局部抽象的建筑构件来表达建筑空间的全局尺度。学习建筑设计时，应积极体验和感知上述微缩或局部抽象的比例，除了学习建筑的基本要素和专业技术知识外，更重要的是发现建筑空间的核心价值——蕴藏在各种表象后面的文法以及建筑与环境的关联、与生活形态的关联、与材料和建造方式的关联等。因此，在建筑设计中，建构教学是直面、感知、把握建筑本质要素的重要途径之一。在本章中，学生应着重把握以下几个建构条件。

1. 真实的尺度与材料

（1）真实的尺度：建筑物作为人类活动的维护体、遮蔽物，建筑物本身的尺度比人体的尺度大。建筑设计教学中的小比例绘图往往与日常的生活经验产生矛盾，设计者在图上描绘的尺寸与脑中的尺寸无法应对。虽然在某些极端的例子中，绘图可以与实际尺寸达到1∶1的比例，但仅通过作图还是无法体验到空间的尺度，感受到的仅是平面化的尺度，无法感知立体空间。通过一定比例的模型制作，能够达到对建构的真正体验。例如，一个建筑构件为$100m^2$，在比例为1∶20的模型中，这个建筑构件为$5m^2$。真实尺度中$100m^2$的构件是需要多人来进行移动的，但在模型中仅用手指就可移动，因此，只有对尺度进行严格的把控，才能对材料有真实的感知。

（2）真实的材料：材料、结构和构造方式所形成的建造关系能体现出建构的本质，这三者是建筑形成的依据和物质基础。基于对建筑学物质属性的理解，在建构教学中使用真实的材料，将影响到结构和构造方式。不同的材料有各自不同的材料特性，有不同的触感、纹理、颜色乃至材料本身特有的味道。如果用较容易加工的纸板、木材代替其他砖土材料，材料自重和结构材料的荷载能力将会产生很大的差别，其表现形式与其结构和构造方式不对应，只有保证材料的真实性，才能获得真实的触感与尺度感受。

2. 材料与尺度的结合

使用真实的材料，但尺度是在真实尺度上进行缩小，这样的比例模型不是建构，而是建造模拟，因为它不具备材料的重量感和真实的操作体验。若采用真实的尺度，但用其他的材料代替真实的材料，模拟的是尺度和真实的空间效果，不能说明真实的建造方式，所以说也不属于建构教学。因此，只有真实的材料与真实的尺度同时具备，才能体现出建构教学的意义。

3. 由设计实现建造

建筑设计者只在图纸上设计，没有真实进行建造，是无法真正理解设计的。例如，现在许多学生能够利用制图软件做出复杂的构建，但是却不能解决现实中最基本的构造问题。因此建构教学需要从设计阶段延续到施工阶段，形成一个整体的过程。在设计阶段进行图纸的绘制和模型研究，有了一定的尺度概念，进入建造施工阶段时，选用真实的材料，此时尺度和真实的材料同时具备，通过全面感知，体会到设计图纸无法诠释的问题，真实材料和尺度的建造与设计阶段的主观想象和感受形成两种思想的撞击，能够对建筑设计建立起全新的、真实的认识。

11.2 实体建构的发展

11.2.1 实体建构的目的与要求

1. 实体建构的目的

（1）由设计向建构转变：建筑学专业的学生需要有较强的设计表现能力和实际操作能力，但目前建筑学专业学生普遍绘图能力较强，缺少实体建构的机会，理论与实践脱节，往往脑海中的方案无法真实的实现，即使能够实现也缺乏合理性。所以，建筑学专业可通过增加实体建构环节，引导学生实现从"感性"到"理性"的转变，最后达到感性与理性的结合。

（2）由理论教学向实践教学转变：建筑学专业的教学历史上曾出现重视理论教学的倾向，并以理论作为考核的唯一手段。通过实体建构内容的加入，可以丰富教学手段，加强学生的动手操作能力，从多角度考核学生。

（3）由单一知识点向多知识点应用的转变：在单独的图纸设计中，可能只需考虑设计中的问题，一旦进行实体建构，需要运用建筑物理、建筑构造、建筑结构、建筑材料等多种课程综合知识，不但需要考虑设计，还需要考虑材料、尺度、成本和建造时间等因素，从而更重视各门课程之间的联系。

2. 实体建构的要求

（1）技术方面：把整体性原则作为核心。结构具有稳定性，构造具有功能性。实体建构中要求满足使用功能和空间尺度的双重需要。材料方面注重视觉与触觉效果、物理性质、加工方法、表皮肌理；建筑物理方面注重防雨、防潮、通风、自然光照等。

（2）结构方面：应充分发挥所选材料的原有结构特性，充分利用材料原有的结构受力特长和构造特点，使结构整体性强、受力合理，强调结构单元的标准化、组装工艺的简易性、空间的可延展性，还应合理的节约材料，不能随意替换材料。

（3）场地方面：在指定的场地位置进行施工，现场须留出施工主次通道和材料堆场，保证材料和预制构件的顺利通行，并能有条不紊地进行现场加工和组装。在建造过程中要准备塑料布、缆绳等，可在夜间用于遮盖，也可作为应急准备，如遇到下雨、下雪或大风等天气。

11.2.2 实体建构的优势与意义

1. 认识建构的真实材料和尺度

（1）用身体感受建筑。

① 身体与材料的接触是实现建构的第一步，充分体会材料的特性、表现形式和构造等，使学生切实体会材料对建筑的影响，捋顺材料、结构和构造方式三者的关系。学生从

选购材料、切割、搬运开始就尝试了解材料的特性，在了解所选材料的特性后，可能需要重新思考设计图纸与实际情况之间的差异，并根据情况调整设计方案。在对材料进行切割、连接等加工的过程中，进一步了解材料的特性。这是在绘制图纸时无法体会的，只有在实际建造过程中才能学习到，并规避图纸中的不合理设计。

② 通过身体感触空间。在实体建构过程中是将人的身体融入其中的，但在建筑制图中，尺度主要通过平面图、立面图、剖面图和效果图来表达。平面图中主要表达二维空间尺度，高度上有标高，但不直观；立面图和剖面图中虽有高度上的表达，但方式也较平面化；鸟瞰图和透视图的表达方式是三维，可以全方位的感受设计方案，位置关系明确，但尺度感是缺失的。制图中的空间尺度全靠建筑设计者的设想，平面和高度都会有较大的差别，只有在真实环境中体会空间尺度，在实际尺度中进行建造，才能对空间尺度有所认知。

③ 切实体验真实建造。通过实体建构体会建筑设计到施工的全周期参与，并在这一过程中学会处理问题，如材料使用过程中出现的问题等。只有在真正建造过程中才能理解这些在制图和搭建模型过程中不会遇到的问题。

（2）对技术本质的深入认识。

工程的实现可通过实体建构活动来完成，这一过程中会遇到一些现实的问题，这些问题是在图纸设计阶段想象不到的，如面对真正的建构，学生不知道选用什么样的材料来实现图纸的设计，也可能在实际操作中图纸的结构是实现不了的，或者需要通过实际搭建来解决设计中无法避免的误差等，这些都是对学生的挑战。

（3）对设计表达的提升。

这是指对构造制图有进一步体现。建筑学的构造学习部分常是面对抽象的图片，学生只能参照图片进行模仿设计，虽然能够绘制出精美的节点大样，但无法真正的感知。构造不是纸上美丽的图画，复杂的设计往往无法在实体建构时实现；反之，精彩的效果也不一定要通过复杂的构建呈现，有时简单的构件也能组合成较好的整体效果；有时还可以在建造中加入一些特殊的构件，如彩色玻璃、麻绳等进行加固或装饰。所以说实体建构是学习构造的最佳场地。

2. 反思建构的社会属性

实体建构的过程不仅是实现设计的过程，还是策划、设计到建造的社会分工协作过程，这个过程需要大量的人力组合和团队的配合。建造团队一般由教师指导团队和多个学生工作团队组成，一个学生工作团队需要分成几个小组，分头解决技术、工具、材料采购问题，需要选出负责人来进行统筹，对人员、进度、设计调整等方面进行合理安排。此外，还需要预留工具与设备的保管场地、食品和饮用水的供应等。由于建构的过程需要协作，因此团队的建设对建构有重要的影响，做好协调工作尤为重要。实体建构还是一个向其他团队学习的过程，过程中会有其他同学共同进行，可以与他们互相交流、学习；实体建构也是多学科、多专业的交叉，使建筑和技术一体化；实体建构还可与产品销售建立互惠互利的联系，与其建立良好的合作关系，可以为建构的完成奠定良好的基础。

通过实体建构教学，使建筑学专业的学生在进入社会之前就了解了真实建造活动的全过程，接触与建造相关的不同群体，这一重要的教学方式比常规的建筑设计教学模式更为职业化。

建筑设计基础

3. 体会建造的综合意义

实体建构属于大规模的建构教学,成果能够真正呈现在我们的面前,必然会引起大众的关注;除了教学成果的完成,还可作为一种实践展示,为周边环境提供一个具有功能性的建构及节点。

11.2.3 实体建构的发展趋势

1. 从空间的探索出发

实体建构的内容旨在通过真实的材料和尺度认识,使得学生可通过空间设计建立全面的建筑观。但对于刚接触建筑学专业的一年级学生来说,空间的设计是缺乏理论依据的,所以应加强技术、材料和基本连接作为基础支撑,强调材料与连接对空间的制约与建构,培养学生对空间与结构间关联的能力,形成从空间设想到空间设计的探索。

2. 加强对材料的认知

以往的实体建构教学大多强调的是对设计理念的实践,对材料的体验和研究不够重视,在今后的教学中应增加材料和工艺的相关课程,讲解如何利用材料的特性来实现设计。

3. 增加社会参与

现在教学中的实体建构设计大多存在于校园内部,与教学相结合。未来应与社会有关机构合作,让作品走出校园,走进社区与城市公园、广场等环境,贴近人群,成为社会的一部分。逐渐地,实体建构应成为具有实际功能的建构实体,通过真实的项目为社会提供服务。

11.3 实体建构的实践

学生经过了立体构成、空间生成、建筑空间、建筑微环境等内容的学习,完成了单个积木盒子、多个积木盒子的制作,通过动手操作,进行了空间的多次训练。实体建构作为一年级建筑设计基础的一个综合设计作业,将运用之前所学知识,进行1∶1的空间设计,再按照材料特点进行施工。

11.3.1 实体建构实践的目标

1. 深入理解教学的完整体系

通过实体建构,触发学生对建筑的理解与认识,激发学生的创造和创新能力,使学生能够认识多种材料的性能、建造方式等,能更准确地把握建筑的使用功能、空间尺度,了解建筑物理、建筑技术等其他相关方面的要求,从而充分体验自己建构的空间环境,感受空间设计与使用功能间的关系。

2. 了解建筑学科的复杂性

在实体建构实践的过程中，学生会遇到很多课程设计作业所没有的问题，如以小组的形式施工、费用的使用问题、施工时间与造价问题，这使得学生能深刻地认识到建筑不仅有设计方面的问题，还有团队合作、成本、工期等问题。

3. 掌握建筑学"重理论，更重实践"的特点

通过实体建构，可以增强学生理论与实践综合运用的能力，使其认识到实践的重要性；同时，学生的实体建构成果也可以起到很好的对外宣传作用，还可以对学生的学习成果进行评价。

11.3.2　国内高校实体建构的实践

近年来，同济大学、哈尔滨工业大学、重庆大学等国内高校纷纷举办校内、校际乃至国际规模的大学生实体建构竞赛。对国内建筑学教育体系中实体搭建的教学工作起到了极大的促进作用，国内高校争相学习、参与。

1. 同济大学实体建构的实践

为了激发学生的创造潜能，培养富于想象力和创新精神的设计人才，同济大学已举办了多年国际建造节暨建筑设计与建筑建造竞赛，参赛代表队已增加至60余个。2018年同济大学国际建造节（图11-1）要求以白色塑料中空板为主要材料进行设计。

图11-1　2018年同济大学国际建造节

图11-2所示的同济大学国际建造节优秀作品，为我国建筑设计基础的教学提供了启迪。

2. 辽宁省大学生实体建构的实践

为了激发学生对专业学习和创作的热情，为辽宁高校间的专业基础教学提供切磋交流的机会和平台，沈阳建筑大学在2020年主办了辽宁省大学生实体搭建设计竞赛。竞赛以

建筑设计基础

图 11-2 同济大学国际建造节优秀作品

"木·憩"为主题,指定木材为主材营造休憩空间,旨在培养学生的建筑专业素养,提高学生的创新和实践能力。

来自辽宁省内多所建筑高校的 35 个学生代表队,历经 3 天的时间,完成了 35 个优秀的木质实体搭建设计作品。以下为辽宁省大学生实体搭建设计竞赛优秀作品赏析。

图 11-3 所示的作品名为"方影阑珊",灵感来源于切割的钻石体块,一大一小两个体块链接,构成了总体的建构外形。用木条做成类似百叶的形式,利用阳光的变换在木条的加工下形成不同的影子的光影变幻。

图 11-4 所示的作品名为"轮回"。万物生息,俯仰一世;起承转合,轮回无终。木条交叉错位搭接,通过横梁连接折形木条,使顶部呈现螺旋交错之状。

图 11-5 所示的辽宁省大学生实体搭建设计竞赛部分参赛作品中,以木材为主要材料,部分应用了辅助材料。在作品中,学生利用木材温馨的材料肌理和本身的支撑能力,以及木条的线性特点,创造了丰富的空间。

第 11 章　实体建构

图 11-3　作品"方影阑珊"

【实体建构作品"方影阑珊"】

图 11-4　作品"轮回"

【实体建构作品"轮回"】

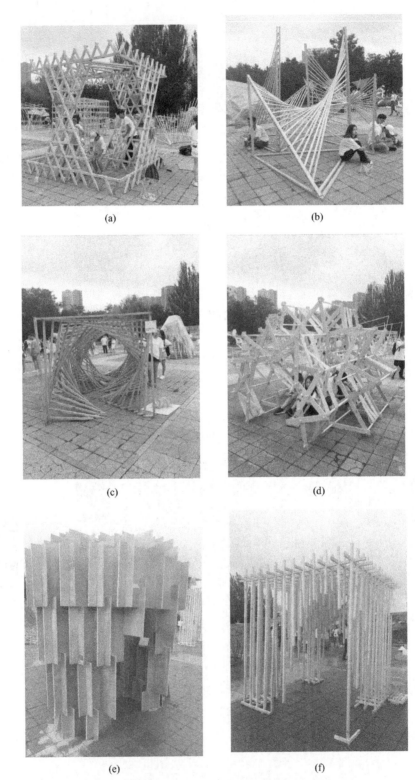

图 11-5 辽宁省大学生实体搭建设计竞赛部分参赛作品

(g) (h)

图 11-5 辽宁省大学生实体搭建设计竞赛部分参赛作品（续）

11.4 设计任务

11.4.1 实体建构设计任务书

为了鼓励学生推陈出新，激励学生不断探索，提高学生的动手能力，拟在校园内的教学庭院中开展特色鲜明的实体建构设计活动。

1. 教学目标

（1）合理选择材料、结构，注重节点的设计。

（2）恰当处理空间与形式在休憩功能上的体现，创造体验休憩行为空间。

（3）处理搭建物与场地的关系，可快速装配，节约资源，保护环境。

2. 要求

设计选取特定主题，通过实体搭建，塑造休憩空间，为学生创造驻足停留的场所，这里或可容纳一人沉思，或是两三人交流，抑或是一小群人的轻松课间。搭建作品为学生在庭院中的活动创造可能性，同时通过特征鲜明、个性突出的形象树立校园新标识。

① 人员：大一学生，每组人数 5~6 人。

② 场地：选址于大学校园内适当场地，学生由这里穿行于教学区、生活区，选址尽量方便交流、学习、流连、小憩。每组用地范围 5m×5m、7m×7m、10m×10m（可选其一）。

③ 尺寸：作品体量在 3m×3m×2.5m 范围内，顶面面积不小于 2m²。

④ 材料：搭建主材为木材、纸版或塑料中的一种，用量大于 50%；辅材不得超过 2 种。

⑤ 建造：搭建过程不破坏基地，可现场快速装配，可拆卸并异地重新组装，搭建实体坚固耐久，具有安全可靠性。

⑥ 创新：在材料选择、结构、构造节点设计等方面具有一定创新性。强调建构的结

构特点、构件的重复性。

3. 成果

教学大致分为草图构思、模型推敲、小组评比、实体搭建、实物体验等阶段，最终完成1∶1比例实物一件和设计说明一份。

11.4.2 综合作业赏析

评语：图11-6的作品名为"盗梦空间"，木板和百叶的两种实木形态，构造形态万千的规则木块，简洁明了的方形体块，彼此错落搭建出形态万千的组合状态；在材料方面，局部采用亚克力板作为辅助材料，实木的粗糙与亚克力板的光滑产生冲突，完美结合，营造出梦境与现实重叠交错的梦幻感，使观赏者游走于梦境与现实之间；作品中的尺度考虑到了人体工程学特点，设计了适宜坐、靠的空间，以及席地而坐的地板。在内容上，部分方块可以移动位置，展现出了可变空间，增加了灵动性。

【实体建构作品"盗梦空间"】

图11-6 作品"盗梦空间"

评语：图11-7的作品名为"树影横斜"，以长廊为主体，利用等间距，在光影的衬托下，整个建构与自然光线融为一体，利用大自然的条件将光影做到极致；人在其中感受光影与大自然，三个层次的空间增添了整个建构的韵律，并且人在其中可立可坐，增添了建构的功能性。但通过实体建构可以看出，该作品的尺度较小，人的通行较难，这是学生在图纸表达中较难发现的问题。

图 11-7 作品"树影横斜"

【实体建构作品"树影横斜"】

评语：图 11-8 的作品名为"转角"，将随处可见的简单几何形体变形、随机拼接与穿插，再运用少量百叶的设计加以点缀，起到将各部分连接的作用，使得建筑整体达到稳固、实用、美观的效果。然而，在实体建构的最终效果中可见，该建构的高度与地面面积的比例失调，显得上部不稳。

图 11-8 作品"转角"

【实体建构作品"转角"】

本章小结

本章主要讲述建构、实体建构的发展和实体建构的实践。通过本章的学习,能够了解建筑材料、建筑结构、建筑构造与建造相互制约的基本关系,掌握基本的建造逻辑方法,能够应用形式美法则处理空间与形式的制约关系,强化实体空间的认知与体验,建立建筑与环境的基本概念,掌握处理建筑与场地关系的基本方法。

习 题

1. 设计训练

在校园内的学生生活区附近,拟搭建一个抽象构筑物。材料使用纸板,厚度5-10mm最佳,以插接构件的手法,设计并施工完成。该构筑物应符合人体尺度,具有供学生坐、靠、通过等功能,并借助周边大型树木、路灯、草坪等条件。要求构筑物稳固、符合力学结构要求;且符合校园小品的审美要求,富有活力。体量不超过5m×5m×3m(高)。

2. 思考题

(1) 思考建构的缘起与发展条件。
(2) 思考实体建构未来的发展趋势。

第五篇

实 训

第12章 实习实训

教学目标

建筑设计不能闭门造车，设计思想来源于大量生活体验，所以，领悟并记录一些建筑设计规律和建筑空间设计的独到之处，是建筑师特有的思维方式和基本功，通过本章学习，应达到如下目标。

(1) 掌握建筑测绘方法。
(2) 熟悉建筑认知方式。
(3) 掌握建筑模型制作方法。

思维导图

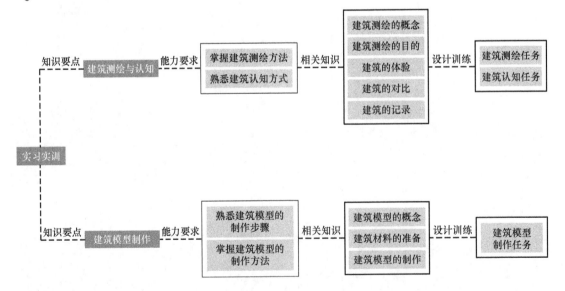

引言

建筑设计过程中的"冥思苦想"，不是等待灵感的到来，而是筛选整合头脑中积累的建筑素材，使其重构成为符合当下设计任务的新形式。所以，建筑师头脑中的素材存量、精细度、系统性，有助于快速、高质的推演出新的建筑。将既有建筑以图纸的形式、模型的形式和情感记忆的形式整理储存，是建筑师的基本功。

第12章 实习实训

12.1 建筑测绘

12.1.1 建筑测绘的概念

在传统建筑教育中,建筑测绘环节一直占有重要位置。文艺复兴时期的建筑大师阿尔伯蒂就鼓励测绘经典建筑,并向大师学习。我国的建筑教育也承袭了古建筑测绘的传统,并在多年的教学中总结经验,发扬优势,为建筑学基础能力培养服务。

建筑测绘可理解为测量建筑物的形状、大小和空间位置,并在此基础上绘制相应的平、立、剖面图纸。在低年级的建筑学课程中,重在培养学生通过大量的测量和绘制工作,熟练掌握建筑三维空间与二维图纸对应想象能力及熟练的读图能力。

12.1.2 建筑测绘的目的

1. 理论结合实际

灵活运用课堂理论,如画法几何与阴影透视、建筑史等课程,在实践中结合实际,深入掌握建筑的构造原理。

2. 掌握相关工具用法

熟练掌握建筑学相关的测量和绘图工具,提高动手能力。

3. 衔接知识结构

通过测绘的分类、分步进行,提高低年级学生对简单建筑结构的了解,并基本掌握建筑的各部分组成之间的关系。

12.2 建筑认知

12.2.1 体验建筑

我们在建筑中生活多年,有一定的生活经历,但是很少有人能自主地去思考建筑。体验建筑就是从身边建筑单体出发,思考一些具体的问题。例如,图书馆在校园中是什么地位的建筑?学生宿舍的楼梯在每层楼的什么位置?为什么?这些问题就是体验建筑的开始。处处留心皆学问,生活就是调研。作为一个合格的建筑师,不能闭门造车。从来没有什么"灵光一现"的设计,有的只是建筑师脑海中积累多年的素材重新组合。

对建筑的体验感知最简单,我们不用过多的思考就可以品味出建筑外观的美丑、空间的渗透、光线的变化,但是要表达出来、总结规律、运用到自己的设计当中去是学生未来职业生涯中一直要锻炼的技能。在开始的阶段,学生可以从体验建筑的尺度开始。例如,站在门边上,用身高去体验门框的高度和宽度;用步幅去感知脚下的地砖边长大概是什么样的尺度;迈步踏上楼梯台阶,用自己鞋子的长度去认识楼梯台阶的宽度等等,都是简易的体验建筑的方法。

12.2.2　对比建筑

学生要充分认知一个建筑,如果只看个体本身,这种认知往往是片面的,在脑海中无法形成知识体系;需要实地的调研、查找相关的资料、对比大量的同类建筑、记录异同点,才能得到对该建筑类型共性的和个性的认识。例如,认知自己学校的图书馆,还应该实地调研其他学校的图书馆,发现与自己学校图书馆的异同;通过网络、书籍资料查找其他类型图书馆的特点,并找出高校图书馆与社会图书馆的不同之处,以及不同地域的图书馆有什么差别。不同点通常体现在地形的不同、项目任务的不同、气候条件的不同、文化背景的差异等个性因素上,而相同点就是该建筑类型的本质属性。只有掌握了一个建筑类型的本质属性,在面对该类型建筑的设计项目时,才可以做到"举一反三"。

12.2.3　记录建筑

在建筑学科中,基础的学习办法被归纳为三法,即"眼法""心法""手法"。眼法,就是要多走多看,多查资料多学习,也就是多去体验建筑;心法,就是要对比、总结,积累一定的学习经验后便可以做到胸有成竹,面对常见的建筑类型设计时,可以做到心中有数,信手拈来;手法,指的就是建筑设计的表达,也就是低年级的手绘能力、高年级的计算机辅助建模等具体的建筑表现方式。而其中手法能力的提高,就来自不断的锻炼,来自日积月累的记录建筑。

记录建筑的形式应该以图示为主,文字为辅。建筑设计是一种识图学科,在调研、考察、甚至采风、游玩时,都应时刻保持建筑学科的敏锐性,以专业的眼光审视建筑,及时以图文并茂的形式记录下来。

记录是为了自己总结经验,为了收集大量的资料,进行比对、分析。在建筑的记录与表达中,文字是无力的,我们要善于利用画图进行记录与表达。建筑的形体与空间美通常用手绘、照片、视频来记录,这里尤其要注意手绘的重要性;手绘不像摄影可以快速记录信息,而是通过画面的逐步丰满来建立一个完整的图像记录过程。建筑尺度的记录最好统一记在一个小本上,便于以后查阅。关于抽象的建筑结构、功能分区的记录,需要我们画出复杂的、逻辑清晰的三维分析图来,这是建筑师的核心技术之一。

12.3　建筑模型

12.3.1　建筑模型的概念

依照实物的形状和结构按比例制成的物品称为模型,建筑模型为建筑学术语,以其特有的形象性表现出设计方案的空间效果。建筑是一种三维艺术,作为三维空间的再现,建筑模型要比二维的图纸表现直观得多。建筑师也常在方案设计过程中，借助建筑模型来推敲方案。

建筑师在构思形体处理时，可以在建筑模型上反复推敲各形式要素的对比关系，如方向对比、虚实对比、均衡稳定、节奏韵律等。建筑模型可以直观地反映出建筑和周围地形的联系、全方位多角度的形体特点、结构特色、肌理视觉效果等方面的信息。所以，建筑模型既是设计过程中的重要手段，也是职业生涯中与业主和客户最主要的交流工具。

建筑模型按要素可以分为结构模型、材质模型、综合模型三大类。

结构模型是表现建筑造型结构、空间结构、技术结构的分析类模型；材质模型以结构模型为基础，重点表现实物材质的肌理；综合模型是综合表现实物结构、色彩、材质等多种要素的模型。

建筑模型按表现目的可以分为推敲模型和表现模型。推敲模型是建筑在设计过程中，设计者做给自己和团队成员看的试验性模型，它的特点是模型的过程性。推敲模型不是设计最终结果，而是在模型上继续修改。所以，推敲模型往往做得简易并且易于修改。表现模型是展示设计最终结果的，形式已确定。表现模型既可以表现完整建筑形体、建筑与周边关系，也可以展示剖面图、平面图等分析内容。所以表现模型通常要求完成质量较好，表达完善，因用于展示，通常有搬运要求，所以也要求坚固耐用。

12.3.2 材料准备

1. 切割工具

切割工具包括美工刀（壁纸刀）、剪刀、锯条等。

2. 测量工具

测量工具包括比例尺、直尺、三角板、圆规、量角器等。

3. 主要用材

材料主要有KT板、雪弗板、卡纸、瓦楞纸、有机玻璃纸、透明亚克力板等。雪弗板有不同的厚度，用雪弗板做墙体时，应根据模型的比例，选择不同厚度的板型；瓦楞纸有特殊的色彩和肌理，一般做推敲模型和做材质对比的时候较常使用；有机玻璃纸不但可以做窗户，做分析用的结构模型时还可以用来做次要部分；透明亚克力板不易切割，造型困难，但透明度好，在建筑模型中常用来表达玻璃幕墙的通透感。

4. 其他材料

其他常见的材料有模型胶（UHU）等各种胶类、砂纸、海绵、锥子等。

12.3.3 建筑模型制作步骤

推敲模型具有很大的灵活性，制作步骤因人而异、因事而异。通常根据建筑特点制作若干个小单元，用单元间不同的组合方式来推敲建筑形体结构或空间结构，或使用雪弗板等方便切割的塑性材料，便于加工调整。

在此，我们主要讲解表现模型的制作步骤，即在已经有精确图纸的前提下做的模型。表现模型可分为数据整理、绘制制作图、工具材料准备、裁剪打磨、组装粘合、底板与环境制作等几个步骤。

1. 数据整理

根据想得到的模型大小估算模型比例。在学生作业中，模型比例通常是教师给定的，根据比例换算出每个部件的模型尺寸。

2. 绘制制作图

将建筑拆分成若干个主要部分，分别绘制每个部分的每个构件的等比例平面图，如正立面外墙面，准备好每个部分的拆解构件，方便之后的组装粘合步骤。

3. 工具材料准备

准备制作模型的主要材料及壁纸刀、模型胶等工具。

4. 裁剪打磨

用铅笔、尺子在模型主要材料上画出模型裁剪图。画图时各部分尽量紧邻绘制，减少边角料浪费。两个板片90°角相交时，注意留出纸板的厚度，也可以在转角处切成45°角斜边粘贴。

5. 组装粘合

按照由内到外、由小到大的原则，按平面图把各零件粘接起来。先粘好三个互相垂直的面，粘接时要利用三角板支持保证垂直关系的准确。孤立的片、杆构件容易倾斜，可以在其所安置的面上做榫卯口，插入一定深度再粘合。窗户的玻璃纸要粘在里侧。玻璃幕墙通常由一整张玻璃纸及卡纸制作的外部窗框表现，比例极小时也可以直接用笔在外立面材料上画出窗框。

6. 底板与环境制作

底板要有足够的强度能支撑起整个模型，保证模型在搬运时不发生弯曲。

山地通常用等高线法，将KT板或雪弗板层叠成梯田状；广场常用画了地砖格的卡纸表达；草地常用海绵碎屑粘在底板表面；树木做法灵活多变，可以用球形的海绵、泡沫抽象表达，也可用铁丝粘上海绵碎屑表示，用小树枝来表示树木更能体现人工与自然的对比，使模型看起来生机勃勃。

建筑模型常容易出现的问题是整个模型的色彩。因为模型主要材料常为单色、纯色，而学生容易获得颜色鲜艳的配景材料，如白色的建筑配上绿色的草地和树木，而这恰恰是本末倒置的表现。建筑模型作业主要是为了突出建筑，所以景观色彩不会太艳丽，一般使用黄色的海绵、白色的泡沫即可。

人是建筑大小尺度的参照物，模型做人时要注意人的比例和建筑的比例一致，可以用卡纸剪一个人形轮廓，也可以买模型成品。人物与树木一样，目的是表现与建筑的比例关系，所以，不求形似、但求比例相同即可。

12.4 实习实训任务

12.4.1 建筑测绘任务书

建筑测绘任务要求：对身边的单层小建筑，如学校门卫室进行测绘。画出所测建筑的平面图、立面图、剖面图、轴测图。

学生分组测绘（图12-1），3~4人一组，一人画图记录，其他人拉尺读数。测绘图纸（图12-2）中铅笔起稿，一种颜色描绘已测线条，另一种颜色标注尺寸，避免漏线，避免标注线与建筑图线混淆，多个连续重复物体先测总长度再细分内部尺寸。所有数据都以总和大尺寸为准，避免小尺寸的误差累计。将所测内容按比例画在制图纸上。推测轴线位置，轴线尺寸要取整。对所得到的测绘结果要进行复尺。

图12-1　学生分组测绘

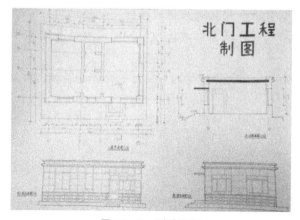

图12-2　测绘图纸

目的：学习建筑制图方法，理解图纸内容与实际建筑的对应关系。掌握建筑平面图、立面图、剖面图、轴测图的概念和意义。掌握建筑尺寸标注画法、比例计算方法、门窗台阶等建筑构件的常规画法。

12.4.2　建筑认知任务书

任务要求：在所在城市寻找熟悉或感兴趣的街道，近距离认识建筑。从建筑类型、建筑体量、建筑层数、建筑时代等多方面了解、记录建筑。以图为主、以文为辅，图文并茂表达建筑的特点，适当的地方用细部放大的手法详细解读。关注所在城市各时期的建筑特色、建筑风格，认识传统建筑、近现代建筑，可从建筑构件入手，归类总结某一类建筑构件，形成调研报告。

目的：让学生走进社会，走近建筑，用专业眼光审视建筑，用专业的概念定义建筑的各个部分，了解建筑的各种属性。

12.4.3　建筑模型任务书

任务要求：通过测绘得到的一套完整建筑图纸，根据测绘图纸，按比例制作建筑单体模型。要求比例合理，能够放在合适大小的底板上。建筑各部分构件体现建筑结构类型，模型应准确表达建筑外立面的门窗关系、建筑内部的主要空间特点等。建筑模型应制作成可活动的模型，即展开局部看到内部空间；或可以拆开屋顶等建筑构件看到内部详情。

目的：通过建筑模型的制作，掌握建筑各部分构件的尺度关系；了解建筑结构的基本概念；熟悉建筑模型的制作过程，掌握建筑比例的概念。

本章小结

本章通过建筑测绘、建筑认知和建筑模型的制作，使学生深入地了解建筑构件三维关系和建筑空间场景的模拟效果。同时引导学生观察、对比建筑实物及经典案例，养成记录习惯。建筑设计是一门实践性强的课程，设计思想来源于大量生活体验。领悟并记录一些建筑设计规律和建筑空间设计的独到之处，是建筑师特有的思维方式和基本功。

习　题

1. 设计训练

（1）要求：选定一个经典建筑进行图纸研究，临摹图纸并制作模型。

（2）测绘：选定校园内小型建筑单体进行测绘，完成建筑平面、立面图的绘制，并根据测绘图纸制作建筑模型。

2. 思考题

通过调研收集古建筑资料，思考古建筑屋顶高度与檐柱高度的关系。

参 考 文 献

坂本一成，塚本田晴，岩冈竜夫，等，2018. 建筑构成学：建筑设计的方法［M］. 陆少波，译. 上海：同济大学出版社.
史密特，2018. 建筑形式的逻辑概念［M］. 肖毅强，译. 北京：北京科学技术出版社.
毕昕，2017. 建筑构图解析：立面、形体与空间［M］. 北京：机械工业出版社.
柯布西耶，2016. 走向新建筑［M］. 陈志华，译. 北京：商务印书馆.
荆其敏，张丽安，2015. 建筑学之外［M］. 南京：东南大学出版社.
昂温，2015. 解析建筑：原著第三版［M］. 谢建军，译. 北京：中国建筑工业出版社.
弗伦奇，2015. 通往天堂的入口［M］. 吴冬月，译. 北京：中国友谊出版公司.
韩波，刘会瑜，赵国珍，2014. 人体工程学与产品设计［M］. 北京：中国建筑工业出版社.
李钰，2014. 建筑形态构成审美基础［M］. 北京：中国建材工业出版社.
王小红，2014. 大师作品分析：解读建筑 三维动画版［M］. 北京：中国建筑工业出版社.
胡伟，2012. 建筑造型与形态构成［M］. 徐州：中国矿业大学出版社.
弗里德瓦尔德，2011. 包豪斯［M］. 宋昆，译. 天津：天津大学出版社.
王中军，2011. 建筑构成［M］. 2版. 北京：中国电力出版社.
顾大庆，柏庭卫，2011. 空间、建构与设计［M］. 北京：中国建筑工业出版社.
黄源，2007. 建筑设计初步与教学实例［M］. 北京：中国建筑工业出版社.
帕多万，2005. 比例——科学·哲学·建筑［M］. 周玉鹏，刘耀辉，译. 北京：中国建筑工业出版社.
福西特，2004. 建筑设计笔记［M］. 林源，译. 北京：中国建筑工业出版社.
小林克弘，2004. 建筑构成手法［M］. 陈志华，王小盾，译. 北京：中国建筑工业出版社.
劳森，2003. 空间的语言［M］. 杨青娟，等，译. 北京：中国建筑工业出版社.
顾大庆，2002. 设计与视知觉［M］. 北京：中国建筑工业出版社.
彭一刚，1998. 建筑空间组合论［M］. 2版. 北京：中国建筑工业出版社.